내일의
과학자를
만나다

10월의 하늘

10월의 하늘

내일의 과학자를 만나다

1판 1쇄 찍은날 2013년 10월 18일
1판 7쇄 펴낸날 2022년 8월 15일

글쓴이 | 정재승 김민식 윤신영 외
펴낸이 | 정종호
펴낸곳 | (주)청어람미디어

책임편집 | 윤정원
마케팅 | 강유은
제작 · 관리 | 정수진
인쇄 · 제본 | (주)에스제이피앤비

등록 | 1998년 12월 8일 제22-1469호
주소 | 03908 서울 마포구 월드컵북로 375, 402호(상암동)
이메일 | chungaram@naver.com
전화 | 02-3143-4006~8
팩스 | 02-3143-4003

ISBN 978-89-97162-46-8 03400
잘못된 책은 구입하신 서점에서 바꾸어 드립니다.
값은 뒤표지에 있습니다.

내일의
과학자를
만나다

10월의 하늘

김민식   조성행
조우성   서랍바람
한경원   이충근
정재승   이서울
박종혁   윤신영
김진성   김태한
Mathall 김대중
권기효

청어람미디어

〈옥토버 스카이 October Sky〉······

1957년 10월 어느 날,
미국 탄광촌에 살던 소년 호머는
소련에서 쏘아 올린 '하늘을 날아오르는 별',
인공위성에 관한 뉴스를 보고 로켓 과학자의 꿈을 키웁니다.

땅속만을 바라보며 사는 탄광촌 사람들에게
하늘을 향한 소년의 꿈은 비웃음거리에 불과했습니다.

하지만 호머는 온갖 좌절과 실패를 극복하고
꿈을 향해 나아갔습니다.

그리고 마침내 그는 미 항공우주국NASA의 로켓 과학자가 되지요.

탄광촌 소년에게 과학에 대한 꿈을 심어주었던
10월의 하늘은
50여 년이 흐른 지금,
이 땅의 청소년들에게도 펼쳐지고 있습니다.

〈10월의 하늘〉은……

과학을 접할 기회가 많지 않은 청소년을 대상으로
전국 도서관에서 펼쳐지는 과학 강연 나눔 행사입니다.
기획에서 준비, 강연, 진행 등의 전 과정이
참여자들의 자발적 재능기부로 이루어집니다.

'10월의 하늘'을 통해
강연자는 자신이 과학의 길에 들어서던 날,
그날의 초심을 되돌아볼 수 있고

기부자는 자신이 가진 재능을
타인과 나누는 기쁨을 맛볼 수 있으며,

청소년은 자연과 과학의 경이로움을 느끼고
과학에 대한 꿈을 키워나갈 수 있게 됩니다.

스푸트니크호 발사 뉴스가 소년 호머의 마음속에 꿈을 새겨줬듯
'10월의 하늘'이 이 땅의 청소년 중 단 한 명에게라도
미래의 과학자가 되겠다는 꿈을 갖게 할 수 있다면
정말 멋진 일이겠지요!

10월의 하늘,
과학의 꿈을 그리는 커다란 스케치북

'10월의 하늘'은 과학을 접할 기회가 많지 않은 청소년을 위한 과학 강연회입니다. 현직 과학자는 물론 공학자, 의사, 과학저술가 등이 참여하여 청소년들에게 과학에 대한 관심을 불러일으키고 우주, 생명이 주는 신비와 경이로움을 전달하고 있죠. 이들이 과학에 대해 꿈을 꾸고 장차 미래의 과학자로 성장할 수 있도록 도와주는 인큐베이터 역할을 하는 것이 10월의 하늘의 목적입니다.

특히 10월의 하늘은 기획에서 준비, 당일 강연 및 행사진행에 이르는 전 과정이 오로지 기부자들의 재능 나눔으로 이루어집니다. '프로보노(전문적인 지식이나 서비스를 공익 차원에서 무료로 제공하는 것) 활동의 과학자 버전'이라고나 할까요. '의미 있는 아이디어를 널리 퍼뜨리자'는 취지에서 시작된 미국의 테드^{TED}와도 비슷합니다. 다른 점이라면 10월의 하늘은 과학강연을 기부하겠다고 자원한 분들이라면 누구나 할 수 있고, 근사한 강연장이 아니라 100석 정도 되는 작은 도서관에서 벌어지며, 듣는 청중도 수만 달러씩 내고 듣는 테드와는 달리 그 지역 중고등학생들이 대부분이라는 점입니다. '지역별 테드 운영자'처럼 근사한 직함을 이력서에 쓸 수 있는 것도 아니죠. 10월의 하늘 운영자들은 모두 순수한 노력기부자들입니다. 이들은 1년 중 364일은 자신의 재능에 대한 대가를 세상에 정당히 청구하지만, 10월의 마지막 토요일 하루만은 더 나은 세상을 위해 내 재능을 기꺼이 나누고 기부합니다.

이들과 함께 2013년 4회째를 맞이한 10월의 하늘은 2010년 1회 행사에서 약 50명의 과학자가 3,000여 명의 청소년을 만났고 2011년에는 약 90여 명의 과학자가 5,000여 명의 청소년을, 2012년 3회 행사에서는 약 80명의 과학자가 4,000명의 학생을 만나 과학의 즐거움을 나눴습니다.

2012년 10월의 하늘은 교수, 의사, 엔지니어, 과학기자, 소설가, 기업인, 음악가, 미술가까지 다양한 강연자가 참여했습니다. 『밀림무정』, 『눈먼 시계공』 등을 쓴 소설가 김탁환, 슈퍼스타K 가수 이정아, 『쿨하게 사과하라』의 저자 김호 커뮤니케이션 코치, 윤형섭 게임학 박사, 김민식 MBC 드라마 PD, 이정모 서울 서대문자연사박물관장 등 다양한 분야의 전문가가 과학이라는 이름 아래 강연을 펼쳤습니다.

인터넷 다원 생방송 현장중계(라이브스트리밍)라는 새로운 시도도 이루어졌습니다. 당일 오후 1시 30분부터 3시까지 강원 춘천 담작은도서관, 경기도립중앙도서관 평택분관, 전남 무안공공도서관, 충북 제천기적의도서관 등 강연장 5곳과 서울을 잇는 다원 생중계가 이뤄졌죠. 구글 행아웃을 이용한 이번 현장 중계에서는 행사 장소 스케치, 강연자 및 진행자 인터뷰, 참여자 표정 등을 흥미롭게 소개했습니다.

사회적 약자를 위한 강연도 두드러졌습니다. 전남 목포어린이도서관에서는 시각장애인을 대상으로 한 천문학 시리즈 특강이 열렸습니다. 만화가 조남준 씨와 천문학자 이명현 전 연세대 연구원이 함께한 이 강연은 점자로 우주의 형상을 만들어 시각장애인 청중이 직접 손으로 만지며 우주를 체험하고 느낄 수 있도록 했죠. 한편 충북 제천기적의도서관에서는 지체장애인 10여 명이 강연에 참석해 보편적인 지식 전달이라는 10월의 하늘의 뜻을 더했습니다.

강연 이외의 곳에서도 기부가 이어졌습니다. 김제동, 강풀, 변영주, 김태호(무한도전), 이적, 정재형, 윤종신 등 방송인, 영화감독, 가수, 만화가, 평론가, 작가 등이 사인 도서와 앨범 등 자신의 재능을 살린 선물을 기부했습니다.

2013년 10월의 마지막 토요일에도 어김없이 전국 도서관에서 과학 강연이 열립니다. 청소년들이 책으로 가득 찬 도서관에서 과학자를 만나 자연의 경이로움을 만끽하고 과학자의 삶을 꿈꾸게 되는 시간! 그날을 준비하는 우리들의 마음은 일 년 내내 10월의 하늘입니다.

10월의 하늘을 시작으로 과학자뿐 아니라 누구라도 단 하루만 자신의 재능을 더 나은 세상을 위해 기부하는 일이 벌어진다면, 우리 맘속의 가을 하늘은 더없이 맑을 것입니다. 그 푸른 마음으로 10월의 하늘은 앞으로도 더 많은 청소년들을 찾아가겠습니다.

10월의 하늘 준비모임 대표
정재승

차례

Why?

살금살금 다가가 만져보기 : 과학 해부실험실

폴짝폴짝 뛰어오르기 : 과학 야외실습실

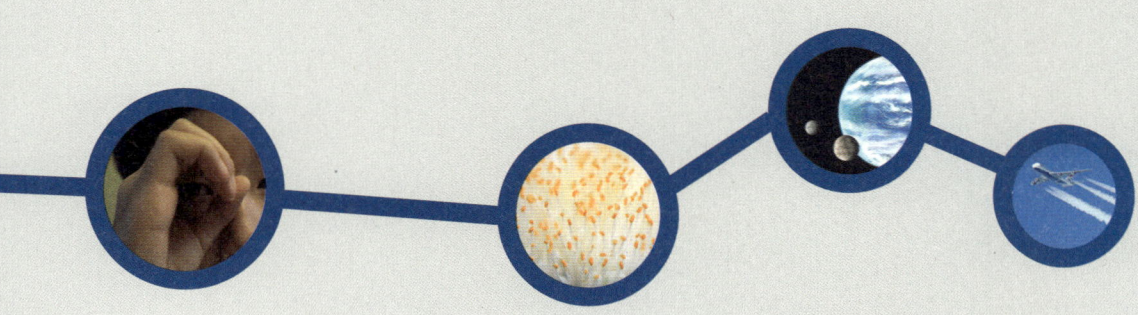

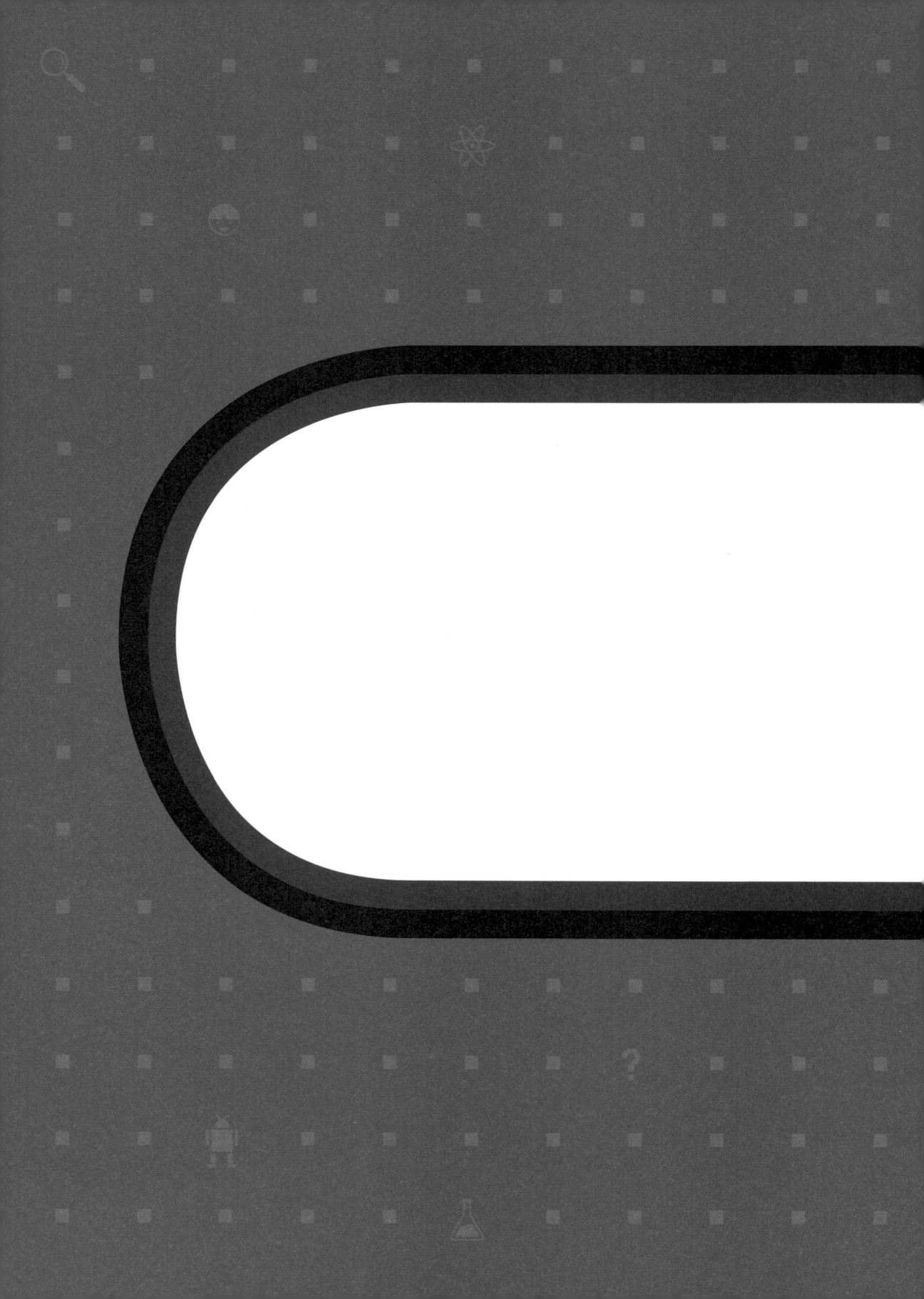

두근두근 상상하기

| 과학자들의 상상연구소 |

제가 만든 시간여행 드라마를 보고 과학자의 꿈을 키운 누군가가, 또는 제 강의를 듣거나 책을 읽은 누군가가 '타임머신, 내가 한번 만들어볼까?' 하고 마음먹으면 얼마나 좋을까요. 그렇게 타임머신을 만들기 위해 과학자를 꿈꾼 여러분 중 누군가가 한국을 대표하는 물리학자가 되고, 세계 최초로 타임머신을 만드는 거죠.

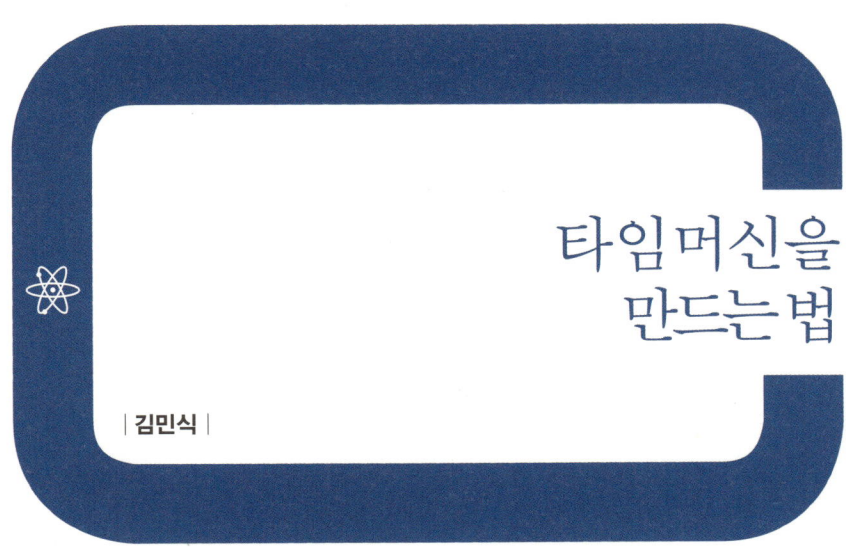

타임머신을
만드는법

| 김민식 |

■ 　　미래와 과거를 자유자재로 오갈 수 있다면 얼마나 좋을까요? 미래로 가서 시험지 문제를 엿볼 수도 있을 테고, 과거로 돌아가 그때와는 다른 선택을 할 수도 있겠죠. 과연 타임머신을 만드는 것은 가능할까요? 타임머신을 타고 미래의 모습을 엿볼 수 있을까요? 반대로 우리 주위에 미래에서 온 시간여행자가 있는 것은 아닐까요? 여러분은 어떻게 생각하세요?

타임머신을 타고 온 시간여행자

종종 UFO가 찍혔다는 사진이나 동영상이 인터넷에 떠돌곤 합니다. 구름도 아닌 것이, 새도 아닌, 알 수 없는 물체가 찍혀 있는데 합성의 흔적은 찾아볼 수 없는 사진이지요. 동영상은 더 신기합니다. 비행기나 헬기처럼 주욱 날아가는 모습이 연속적으로 찍히는 것이 아니라 이상한 움직임을 보이다 반짝하고 사라지거나 빠른 속도로 없어져버리죠.

과연 UFO는 정말 존재할까요? 저는 UFO는 존재한다고 생각합니다. 왜냐하면 UFO란 말 자체가 미확인비행물체Unidentified Flying Object잖아요. 어떤 물체가 하늘에 있는데 그게 무엇인지 모르면 그게 바로 UFO인 거예요. 논리적으로 따져보았을 때 UFO가 있다는 것을 증명하긴 쉽지 않지만 그렇다고 없다는 뜻은 아닙니다.

UFO와 마찬가지로 타임머신이 존재한다고 주장하는 사람들이 있습니다. 이미 여러 과학자들이 이론과 가설을 통해 타임머신은 가능하다고 말하고 있지만 그 가운데 매우 흥미로운 단서를 가지고 타임머신의 존재를 증명하려는 사람도 있습니다. 바로 미래에서 과거로 간 '시간여행자'가 있다는 것입니다. 아래 사진을 볼까요?

이 사진은 1905년도 미국의 한 다리 위에서 찍힌 사진입니다. 사진의 전체적인 분위기를 잘 살펴보면 다른 사람들은 비슷한 옷과 머리스타일을 하고 있는데, 가운데 서 있는 딱 한 사람만 전혀 엉뚱한 복장과 머리스타일을 하고 '도대체 여기는 어디지?'라는 표정으로 서 있죠. 마치 펑크록을 하는 로커 같습니다. 1905년도 미국에 저런 옷이나 머리스타일을

한 사람이 있었을까요? 사람들은 저 사람이 바로 미래에서 과거로 시간여행을 한 사람일 것이라고 생각했습니다. 그런데 제가 보기에 이 사진 속의 사람은 그저 머리를 깎다 깜빡 졸았던 것 같아요. 졸다가 문득 깨어나 보니 이발사가 머리를 자기 마음대로 밀고 있었던 겁니다. 그래서 다급하게 "잠깐만요! 저는 이런 머리스타일을 원한 게 아니거든요!"라고 항변하지만 이미 잘린 머리는 어쩔 수 없었겠죠.

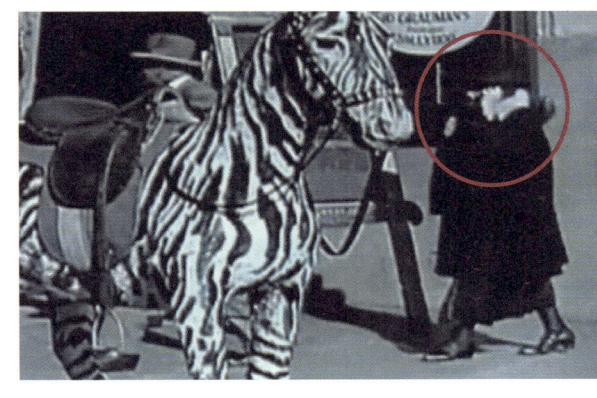

　몇몇 사람들이 시간여행자라고 주장하는 또 다른 자료가 있습니다. 오른쪽 사진은 1928년, 미국의 저명한 코미디언이자 영화감독인 찰리 채플린이 만든 영화 속의 한 장면입니다. 중년의 부인이 까만 물체를 귀에 대고 이야기를 하며 걸어가는 모습입니다. 마치 휴대전화를 들고 통화를 하며 걷는 것 같죠. 1928년에 휴대전화가 있었을까요? 휴대전화의 개념이 처음 생긴 것은 1970년이고, 우리 생활에서 쓰이기 시작한 것은 20년도 안 된 일입니다. 그래서 이 사진 속의 사람을 두고 '미래에서 온 시간여행자가 우연히 영화촬영장을 지나가다 찍힌 게 아닐까?'라고 사람들은 생각했습니다. 여러분이 보기엔 어떤가요?

　　: 시간여행자가 아니에요. 그 당시 휴대전화가 있었다 하더라도, 기지국이

　　　없었을 테니 통화할 수 없었을 거예요.

　맞습니다. 통화를 가능하게 하는 무선기지국이 없는데 휴대전화 단말기가 무슨 소용이 있겠어요.

　또 다른 사진 하나를 보면 '이 사람이야말로 시간여행자구나!'라고 생각할 수 있는 인물이 등장합니다. 1940년에 찍힌 사진인데 멋진 선글라스에 세련된 티셔츠와 카디건을 걸친 남자가 보이죠. 각 잡힌 중절모와 양복을 잘 차려 입은 사람들 가운데 유독 눈에 띄는 패션입니다. 과연 이 사

람이 진짜 시간여행자일까요? 최근에 밝혀진 바에 따르면 당시로선 패션 센스가 좀 뛰어났던 사람 정도지 시간여행자는 아니라고 합니다. 하지만 알 수 없죠. 우리 학교, 우리 집 등 정말 가까운 곳에 시간여행을 하고 있는 사람이 있지 않을까요?!

진정한 시간여행자는 할머니와 할아버지

다음 사진은 두 가지 서울의 풍경입니다. 왼쪽 사진은 1930년에 남산에서 본 서울 시가지 풍경이고 오른쪽은 최근에 찍은 서울 야경입니다. 과거의 모습과 지금의 서울 풍경이 많이 다르죠? 1930대에 살았던 사람에게 지금의 서울 풍경을 보여준다면 반응이 어떨까요? "말도 안 돼, 이건 마술이야 마술!" 그런데 우리 주위에는 이 두 시대를 모두 살아본 사람이 있습니다. 바로 우리 할아버지와 할머니입니다. 저는 그분들이야 말로 진짜 시간여행자라고 생각합니다.

여러분은 가끔 할아버지, 할머니와 함께 있을 때 '왜 할아버지는 문자 보내기를 못할까?', '할머니께 리모컨 사용법을 열 번은 더 알려줬는데 왜 모르실까?' 하며 답답해하진 않나요? 입장을 바꿔 만약 여러분이 갑자기 시간여행을 해서 어느 날 전혀 새로운 시대에 떨어진다면 마찬가

지로 적응하기 힘들지 않을까요? 사람의 나이가 60세를 넘기면 지난 세월 동안 익숙해진 삶의 방식 때문에, 급속도로 바뀌어 가는 세상의 흐름을 따라잡기 힘들다고 합니다. 그런데 우리 사회는 지난 30년 동안 정말 빠르게 변화했습니다. 우리에게 편리한 일상이 그분들에게는 복잡하고 혼란스럽게 느껴질 수 있겠죠. 왜 할아버지 할머니는 내가 좋아하는 것들, 예를 들어 컴퓨터나 스마트폰을 전혀 다룰 줄 모르실까?라고 생각하기보다, 할아버지께 어린 시절에 뭘 하고 놀았는지 여쭤보세요. 그분들의 이야기를 듣다 보면 타임머신을 타고 과거로 올라가 여행하는 것 같은 느낌을 받을 거예요.

달나라 여행과 백 투 더 퓨처

제 턱에는 화상 흉터가 있습니다. 다섯 살 때 제가 살던 시골 마을에는 전기가 들어오지 않았어요. 어두운 방 안에서 넘어져 호롱불에 턱을 데였는데 그때 남은 상처죠. 그러다 몇 년 후, 전기가 처음 들어왔을 때 정말 신기했어요. 당시의 전등은 그리 밝지 않아서 밤에 책을 읽으려면 하얀 마분지로 갓을 만들어 빛을 모아줘야 했습니다. 그러면 갓 전등 아래만 밝고 주변은 어두웠죠. 전등 아래에 손거울을 가져다 비추면 둥근 빛이 창이며 천장에 둥둥 떠다녔어요. 거울을 비추며 '와, UFO다!'라며 놀기도 했습니다.

TV나 스마트폰 같은 볼거리가 없었던 옛날의 사람들은 무얼 보며 긴긴 밤을 보냈을까요? 바로 밤하늘을 유심히 보았답니다. 지금도 천문대나 과학관에 가면 별자리로 가득한 밤하늘을 볼 수 있지만, 옛날에는 밤하늘이야말로 아이맥스 영화관 못지않은 스펙터클한 볼거리였어요. 그런 밤하늘을 보면서 사람들은 별을 통해 온갖 재미있는 이야기를 만들었습니다. 서양의 별자리 이야기나, 우리의 견우와 직녀가 오작교를 건

너 만나는 이야기처럼 말입니다.

밤하늘이라는 영화관에서 주인공을 가장 많이 했던 것은 바로 달입니다. 가장 크고 밝은데다, 초승달이 되었다가 점점 차서 둥근 보름달이 되었다가 다시 기우는 등 끊임없이 모습을 바꾸기 때문에 사람들에게 호기심을 불러일으켰죠. 옛날 사람들은 달의 모양이 바뀌는 이유를, 개가 달을 물었다가 놓기 때문이라고 생각하기도 했어요.

1900년대에 영화가 처음 만들어졌을 때, 가장 먼저 사람들이 만든 영화 중 하나가 〈달나라 여행〉이었습니다. 당시 사람들은 인간이 달에 가는 것은 불가능하다고 여겼지만 이 영화가 나오고 70년이 지나지 않아 아폴로 11호가 달에 착륙했습니다. 1985년에는 타임머신에 대한 내용을 다룬 영화 〈백 투 더 퓨처〉가 나왔어요. 주인공 드로리안이 자동차를 타임머신으로 개조해서 모험하는 영화였죠.

1900년에 영화로만 가능했던 달나라여행이 70년 만에 실제로 이루어졌으니, 2050년쯤에는 타임머신이 실제로 만들어지지 않을까요? 불가능하다고 생각하세요? 다가올 날의 일은 아무도 모르는 거랍니다.

타임머신을 만드는 법

현대의 과학자들도 인정한 진짜 시간여행자는 세르게이 아브데예프Sergei Vasilyevich Avdeyev라는 러시아의 우주비행사입니다. 1992년부터 1999년까지 3회에 걸쳐 747일간 미르호에서 체류하며 가장 오랜 시간을 우주에서 보낸 인물이죠. 그를 두고 시간여행자라고 하는 이유는 그가 우주 비행을 하면서 우리가 살고 있는 현재보다 5분의 1초, 그러니까 0.2초 후의 미래로 갔기 때문입니다. 고작 0.2초 미래로 갔다고 그걸 시간여행이라 할 수 있냐며 대수롭지 않게 생각하는 친구도 있을지 모르겠습니다. 기왕 미래로 간다면 최소 몇 년에서 수십 년 후를 가보고 싶을 테니까요.

비행기의 예를 들어볼까요. 처음 비행기를 만들어 하늘을 난 라이트 형제. 그들의 첫 비행 거리는 고작 36.5m였습니다. 그런데 오늘날의 비행기는 수천 킬로미터를 날아갈 수 있죠. 어떤 분야든 처음 시작은 미미해도, 노력하고 또 노력하면 놀라운 성과를 얻을 수 있습니다.

상대성이론에 따르면, 빛처럼 빠른 속도로 날아가는 로켓은 시간지연효과를 이용해 미래로 시간여행을 한다고

최초의 시간여행자 세르게이 아브데예프

합니다. 세르게이 아브데예프도 이 이론처럼 지구의 자전속도보다 빠르게 지구 주위를 무려 748일 동안이나 돌았기 때문에 짧게나마 미래로 시간여행을 한 것이죠. 저는 그가 0.2초 미래로 간 것은 시간여행의 역사에서 위대한 첫 걸음이라 믿습니다. 이외에도 중력을 이용하여 중력이 강한 곳에서 약한 곳으로 빠르게 이동하거나, 블랙홀을 이용하는 방법 등 다양한 과학적 시간여행 방법이 있습니다. 아직은 이론에 불과하지만 언젠가 미래에는 이런 방법으로, 미래로 시간여행을 할 수 있는 날도 오지 않을까요?

'타임머신을 만드는 방법' 그 시작은 '가능하다고 믿는 것'입니다. 그리고 가능하다고 믿기 위해서는 재미난 상상을 많이 해야 합니다. 사람들이 달로 가는 로켓을 만들어낸 이유는 달에 대한 수많은 상상을 즐긴 덕분이라 생각합니다. 마찬가지로 시간여행에 대한 재미난 상상을 즐기다 보면, 실제로 타임머신을 만들고 싶다는 열정이 생겨나고 그런 상상력과 열정이 과학의 발전을 가져올 것입니다.

미래에 꼭 필요한 공부

타임머신이 있다면 미래로 가서 꼭 보고 싶은 것이 있습니다. 바로 제 딸의 미래입니다. 제게는 초등학생 딸 둘이 있는데요. 이들에게 무엇을 가르치고 어떤 꿈을 심어줘야 할지 아직 잘 모르겠거든요. 그래서 딸이 성인이 되었을 미래로 날아가 그 시대에 필요한 능력과 기술은 무엇인지 알고 싶답니다.

제가 어렸을 때는 아버지의 권유로 두 군데 학원을 다녔습니다. 주산학원과 펜글씨학원. 아버지는 주산을 할 줄 알아야 취직을 할 수 있고, 글씨를 잘 써야 승진할 수 있다고 믿었습니다. 열심히 주산을 공부하고 서예학원에 가서 펜글씨 잘 쓰는 법도 연습했는데, 10년도 지나지 않아 컴퓨터가 나와서 주산과 펜글씨가 필요 없어졌지요.

마찬가지로 요즘 여러분이 학원에 가서 배우는 것 중에 30년 후에 필요 없는 공부도 있을 거라 생각합니다. 대표적으로 영어는 어떨까요? 30년 내로 자동 통번역기가 나올지도 모릅니다. 그렇다면 30년 뒤에도 유용한 공부는 무엇일까요?

저의 아버지는 제게 주산이나 서예를 공부하라고 하셨지만 책을 읽는 것은 무척 반대하셨어요. 동화나 소설책을 읽어봤자 삶에 유용한 기술을 배울 수 있는 건 아니라고 말입니다. 하지만 제가 드라마 PD가 될 수 있었던 건 어린 시절 책을 많이 읽은 덕분입니다. 수많은 대본을 읽고 그중 무엇이 재미난 이야기인지 찾고, 글을 읽어 머릿속에서 그림을 떠올리는 상상력이 필요한 게 PD의 일이거든요. 어린 시절부터 책읽기가 몸에 배어 대학 다닐 때는 1년에 책을 200권씩 읽고, 요즘은 아무리 바빠도 1년에 100권은 읽습니다. 아버지가 필요 없다고 한 독서가, 지금 제게는 직업의 발판이 되고 가장 즐거운 취미가 되었죠.

저는 여러분 또래였던 초등학생 시절에 UFO를 봤어요. 지금도 그

UFO가 먼 외계에서 날아온 우주선인지 아니면 미래에서 날아온 타임머신인지 그 정체는 모르겠습니다. 하지만 중요한 건 제가 하늘을 날아다니는 빛나는 물체, UFO를 봤다는 거지요. UFO를 보고 나서는 책에 나오는 이야기가 무엇이든 다 흥미진진해졌어요. 우주전쟁 이야기를 읽으면, '내가 본 UFO가 혹시 외계인들의 정찰기?'라고 상상해보고, 마법사 이야기를 읽고는 '내가 본 게 혹시 마법사의 자가용?', 시간여행 소설을 읽으면 '그건 역시 미래에서 온 타임머신이었던 거야!'라고 상상합니다. 결국 책을 재미나게 읽는 가장 좋은 비결은, 책 속에 나오는 이야기가 다 가능하다고 믿는 데서 시작합니다.

내 손 안의 타임머신, 책

책은 우리 옆에 있는 진짜 타임머신입니다. 과거로 날아가 옛날 사람들의 삶을 엿보기도 하고, 미래에 어떤 일이 벌어질까 예측도 하게 합니다. 하지만 타임머신으로서의 책이 하는 가장 큰 역할은 시간을 절약해주는 겁니다.

　요즘 많은 사람들이 게임을 좋아하죠? 저도 게임 참 좋아하는데요. 사람들이 게임을 좋아하는 이유가 뭘까요. 게임은 시간을 단축해줍니다. 스타크래프트를 예로 들어보죠. 내가 실제로 우주 기지에 병영을 짓는다면, 그 건물을 짓는 데 적어도 몇 달은 걸리겠죠? 전투기를 만드는 데도 오랜 시간이 걸립니다. 하지만 게임에서는 마우스 클릭 몇 번 만에 건물이든 전투기든 다 만들어집니다. 롤플레잉 게임의 경우, 내가 현실에서 칼을 쓰는 법을 연마해서 몇 년을 연습해야 뛰어난 검사(劍士)가 되는데, 게임 속에서는 미션만 완수하면 순식간에 레벨이 올라가죠. 게임은 시간을 절약하는 효과로 사람들에게 재미를 주지만 게임 속 내 캐릭터의 레벨이 높아진다 하더라도 현실의 나는 변화가 없거나 후퇴하기도 합니다.

책도 게임과 마찬가지로 시간을 단축해줍니다. 책에는 책을 쓴 사람의 지적 결과물이 압축되어 담겨 있습니다. 10년을 연구한 결과가 고스란히 담겨 있는 책을 3일 만에 읽는다면 우리는 저자의 10년 노하우를 단 며칠 만에 전수받는 셈이죠. 이렇게 좋은 책이란 글을 쓴 사람의 인생 경험이 녹아 있는 겁니다. 그런 책을 1년에 30권씩 읽는다고 가정하면 1년 동안 300년의 세월을 사는 효과를 볼 수 있습니다. 여러분이 진짜 레벨 업을 바라신다면 관심 있는 주제의 책을 많이 읽어보세요.

제가 PD로서 꿈꾸는 목표 중 하나가 시간여행을 소재로 한 재미있는 드라마를 만드는 것입니다. 그래서 2007년 〈조선에서 왔소이다〉라는 시트콤을 연출하기도 했죠. 시간여행에 관한 시트콤으로 조선시대의 양반과 그 하인이 우연히 현재로 날아와 겪는 사건을 다루었습니다. 그런데 재미가 없었는지 당시 PD로서 절대 저질러서는 안 되는 삼거지악(三去之惡)인 '시청률 저조, 제작비 초과, 광고판매 부진'을 한 번에 달성하고, 12부작인데 방송 4회 만에 조기종영이 결정 나 7회를 끝으로 막을 내렸죠. 그때 정말 괴롭고 창피했지만 후회는 없습니다.

그런데 몇 년 전부터 방송에서 시간여행을 다룬 드라마가 쏟아져 나왔죠. 〈옥탑방 왕세자〉, 〈인현왕후의 남자〉, 〈신의〉, 〈나인 – 아홉 번의 시간 여행〉 등. 이들 드라마가 성공하는 걸 보며 스스로를 위안했답니다. '내가 시간을 너무 앞서갔구나.' 그래도 사람들이 시간여행을 재미난 이야기로 받아들이는 모습을 보고 정말 뿌듯했습니다.

타임머신을 만들어주세요!

전 어렸을 때 본 UFO 덕분에 책을 좋아하는 아이가 되었고, 그래서 드라마 PD가 되었습니다. 지금 생각해보면 제 앞에 나타났던 UFO는 아무래도 외계에서 온 비행접시가 아니라, 미래에서 온 타임머신 같아요. 지구 밖의 다른 생명체가 사는 별에서 지구까지의 거리는 너무나 멀어 UFO를 타고 날아올 가능성이 크지 않아 보이거든요. 그래서 그 UFO는 미래에서 누군가 나에게 보내준 타임머신이라고 생각합니다.

그 타임머신이 제게 꿈을 준 것처럼 제가 만든 시간여행 드라마를 보고 과학자의 꿈을 키운 누군가가, 또는 제 강의를 듣거나 책을 읽은 누군가가 '타임머신, 내가 한번 만들어볼까?' 하고 마음먹으면 얼마나 좋을까요. 그렇게 타임머신을 만들기 위해 과학자를 꿈꾼 여러분 중 누군가가 한국을 대표하는 물리학자가 되고, 세계 최초로 타임머신을 만드는 거죠.

만약 여러분이 바로 그 과학자가 된다면 한 가지 해주셔야 할 일이 있습니다. 바로 여러분이 만든 타임머신을 저에게 보내주는 일입니다. 1980년 울산에 살고 있는 김민식 어린이에게 여러분이 만든 타임머신을 보내주세요. 그러면 그 타임머신을 보고 저는 책을 읽고, 또 시간여행 시트콤을 만들고, 이렇게 강의도 하고 책도 쓰겠지요.

무엇이든 가능하다고 믿으세요. 그리고 책을 읽어 그 꿈을 키우세요. 그 꿈이 현실에서 이뤄지는 어느 날 제게 타임머신을 보내주세요. 저는 그날을 기다리겠습니다.

김민식 | 시트콤 마니아이자 연출가. 드라마 애청자인 동시에 PD로 일하고 있다. SF 애호가이자 번역가이기도 하다. 직업의 경계를 넘나들며 재미있는 것을 만드는, 재미있는 삶을 꿈꾼다. 쓴 책으로는 『공짜로 즐기는 세상』이 있다.

과학은 뛰어난 재능을 가진 사람들의 엄밀한 연구들로부터 발전해왔습니다. 하지만 이런 엄밀한 연구들이 더 이상 돌파구를 만들지 못해 과학자들이 난감해할 때, 해답을 제시해준 것은 바로 우연과 호기심이었습니다. 사실 과학은 호기심으로부터 출발합니다. '왜?'라는 우연한 질문 또는 호기심으로부터 출발해 얻은 답은 사실 기존의 과학자들이 생각하지 못한 새로운 지평을 열어주기도 합니다.

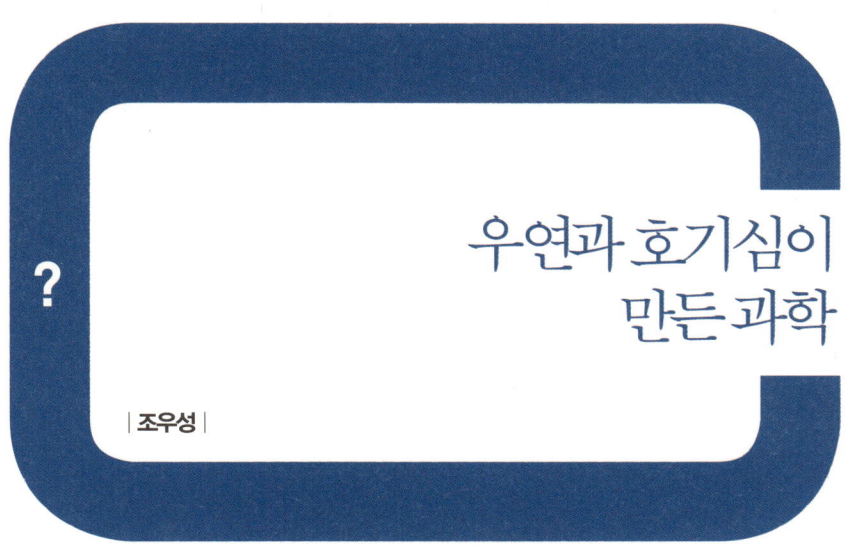

우연과 호기심이
만든 과학

| 조우성 |

■   대부분의 사람들은 과학이 매우 꼼꼼하고 엄밀해서 체계적인 과정으로부터 과학이 진보할 것이라 생각합니다. 사실 아주 복잡한 비밀을 품고 있는 자연으로부터 새로운 원리를 찾아내기 위해서 과학자들은 매우 꼼꼼하고 체계적인 연구를 수립하고 진행합니다. 이렇게 연구를 진행하면서 많은 과학적 원리들이 발견되고 발전해 왔죠.

과학자들을 위한 학회지에는 거대하고 체계적인 탐구를 진행하면서 발견되는 새로운 사실들이 계속 보고됩니다. 논리적이고 무척이나 꼼꼼한 과학자들이 하는 연구들을 보고 있노라면, 다른 학문보다 엉뚱한 상상력이나 호기심이 중요한 역할을 할 수 있을지 의심도 듭니다. 엉뚱한 상상력과 호기심만으로 시작한 연구들은 체계적인 연구와 거리가 멀어 보이기 때문입니다.

하지만 과학자에게 상상력과 호기심은 매우 중요한 요소입니다. 자연은 생각보다 비밀을 쉽게 과학자들에게 보여주지 않습니다. 체계적이고 꼼꼼한 연구들로부터 답을 얻지 못하는 경우가 굉장히 많죠. 오히려 새로운 방법과 남들이 생각하지 못한 아이디어로 자연을 탐구할 때야 비로소 비밀을 밝히는 열쇠가 나타나곤 합니다. 그래서 엉뚱한 연구로부터 자연의 비밀이 밝혀지는 경우도 있습니다. 여기서는 천문학과 물리학에서 우연과 호기심이 밝혀낸 자연의 비밀을 소개할까 합니다.

우주배경복사의 발견

1978년 아노 앨런 펜지어스Arno Allan Penzias와 로버트 우드로 윌슨Robert Woodrow Wilson은 우주배경복사Cosmic microwave background radiation■의 발견을 인정받아 노벨 물리학상을 받습니다. 그들이 발견한 우주배경복사는 우주가 태어나면서 남긴 일종의 화석과 같습니다. 천문학자들은 펜지어스와 윌슨이 발견한 우주배경복사 덕분에 우주의 탄생에 대한 확실한 증거를 얻게 되었고, 우주의 탄생에 대한 비밀을 하나씩 풀어나갈 수 있었습니다. 덕분에 우리가 요즘 잘 아는 빅뱅Big Bang 이론이 탄생할 수 있었지요.

노벨상을 안겨주고 우주의 탄생을 밝혀준 이 결정적인 단서는 사실 펜지어스와 윌슨에 의해 '우연히' 발견됩니다. 시계를 거꾸로 돌려 펜지어스와 윌슨이 연구를 시작한 때로 돌아가 봅시다.

펜지어스는 천문학 박사 학위를 받은 뒤 1961년 미국 굴지의 연구소인 벨Bell 연구소에 들어갑니다. 벨 연구소는 당시 미국에서 전화사업의 독점권을 가진 AT&T 사가 세운 연구소입니다. 벨 연구소에서 과학자들은 자유롭게 아이디어를 제안하고 실험으로 재현합니다. 이곳에서 발견된 과학적 성과들은 과학의 커다란 진보를 가

펜지어스와 윌슨

겨왔습니다. 트랜지스터■의 발명(1956년 노벨상 수상), 컴퓨터 언어와 운영체계인 유닉스UNIX의 탄생 등이 있지요. 1963년 윌슨도 벨 연구소에 입사합니다. 펜지어스와 윌슨은 입사한 뒤 서로의 관심사가 비슷하다는 것을 알았습니다. 두 사람 모두 대학에서 전파천문학으로 박사학위를 받았던 것이죠.

전파천문학이란 우주에서 오는 전파를 통해 은하나 별들을 연구하는 학문입니다. 20세기 초까지 우주를 관측하는 방법은 대부분 망원경을 통해 눈으로 별을 보는 것이었습니다. 그러나 1933년 벨 연구소의 칼 잰스키Karl Jansky가 우리 은하의 중심부에서 전파가 나온다는 사실을 발견합니다. 이후 전파를 통해 우주의 별과 은하들을 바라보는 새로운 학문, 즉 전파천문학이 만들어졌습니다. 여러 기술의 도움으로 천문학자들은 눈에 잘 보이지 않지만 아주 강력한 전파를 내는 전파은하와 우리 은하 너머 아주 멀리 떨어져 있지만 강력한 전파를 내는 퀘이사quasar를 발견할 수 있었습니다. 이들의 발견은 당시 천문학에서 가장 큰 논쟁거리였던 우주의 탄생에 대한 힌트를 주었습니다.

잡음을 없애라!

전파천문학이 태어난 벨 연구소에서 펜지어스와 윌슨은 전파망원경을 이용해 하늘을 관측할 계획을 세웁니다.

뉴저지주 크로퍼드힐에 위치한 나팔 모양의 전파 안테나가 그들의 눈에 들어왔습니다. 펜지어스와 윌슨은 벨 연구소에서 이 안테나를 연구용으로 써도 좋다는 허락을 받고 하늘의 천체들을 탐색하기 시작합니다. 이렇게 해서 위성의 신호를 잡아내던 안테나가 전파망원경으로 쓰입니다. 하늘을 탐색하기 전에 꼭 해야 할 일이 있습니다. 그것은 바로 전파의 잡음noise을 검출하는 일입니다. 별이나 은하에서 오는 전파들은

■ 트랜지스터
반도체에 전력을 공급하는 3개 이상의 단자를 가진 소자.

뉴저지주 크로퍼드힐에 위치한 나팔 모양의 전파 안테나

강도가 매우 약합니다. 그래서 사람이 만든 인공적인 전파에 모두 묻혀서 잘 보이지 않지요. 집에서 TV로 드라마를 보는데 옆에서 청소기가 돌아가는 상황과 비슷합니다. 청소기 소리에 드라마 주인공의 대화가 묻혀 잘 들리지 않는 것이죠. 그렇기 때문에 관측한 전파로부터 수집한 잡음 전파를 제거하는 일은 매우 중요합니다.

여기서 전파란 우리가 아는 모든 전파를 말합니다. 통신을 위해 쓰이는 전파부터 방송국에서 보내는 전파, 레이더 전파까지 수많은 전파가 전파망원경을 둘러싸고 있지요. 우리가 쓰는 스마트폰 역시 전파를 주고받으며 통신합니다. 이런 전파들이 쉴 새 없이 하늘 곳곳에서 쏟아져 옵니다. 북쪽에 위치한 뉴욕과 우리 은하수의 중심부 그리고 하늘 이곳저곳에서 날아오는 크고 작은 전파를 모두 잡아내어 파악하는 것이 그들의 첫째 임무였습니다.

펜지어스와 윌슨은 여러 잡음 전파를 측정하던 중 특정한 주파수 영역에서 작지만 무시할 수 없는 잡음 전파를 만납니다. 보통 천문학자들은 천체에서 오는 전파를 관측하기에 큰 지장이 없어 이 잡음 전파를 무시하곤 했습니다. 두 청년은 이 잡음의 원인을 찾아내고 없애기로 결정합니다.

이 전파가 혹시 사람이 만든 전파일지 모르니 전파망원경을 뉴욕시 쪽으로 돌려 보기도 하고, 다른 시간마다 확인해보기도 했습니다. 하지만 이 전파는 어디에서나 그리고 언제나 한결같이 나타났습니다. 그렇다면 망원경을 구성하는 기계적인 문제일 수 있겠지요. 펜지어스와 윌슨은 망원경의 전파 신호를 받고 증폭시키는 배선과 장치들을 모두 조사하고 심지어 알루미늄 테이프로 다시 붙이거나 액체 헬륨으로 냉각시

켜보기도 했습니다. 이 과정에서 전파망원경의 나팔 모양 안테나 안쪽에 살던 비둘기도 용의선상에 오릅니다. 그들은 비둘기를 잡아서 수십 킬로미터 떨어진 곳에 놓아주고 망원경 속의 비둘기 똥을 깨끗하게 닦았죠. 그런데 비둘기들이 다시 날아와 전파망원경에 배설물을 남깁니다. 결국 그들은 비둘기를 '가장 인간적인 방법'인 총으로 제거해야 했다는 일화도 있습니다.

　이 전파의 원인을 찾지 못한 채 펜지어스는 천문학회에서 자신의 친구이자 MIT의 교수인 버나드 버크Bernard Burke에게 이 이야기를 해줍니다. 버크는 얼마 뒤 프린스턴의 천문학자인 로버트 디키Robert Dicke와 제임스 피블스James Peebles의 논문을 보게 되었습니다. 그들은 논문을 통해서 만약 우주가 대폭발로부터 시작되었다면 특정 주파수 영역대의 전파를 관측할 수 있으리라는 예측을 제시했습니다. 우주 대폭발의 증거인 전파, 즉 우주배경복사는 이렇게 잡음을 하나씩 지워나가는 연구에서 우연히 발견되었습니다.

우주배경복사란?

1965년 《천체 물리학 저널Astrophysical Journal》에 펜지어스와 윌슨의 우주배경복사 발견에 대한 논문이 실립니다. 물론 디키와 피블스의 이론적 논문이 바로 뒤에 실렸고요. 1978년 노벨상은 바로 펜지어스와 윌슨이 쓴 이 논문으로 받게 된 것입니다. 그렇다면 노벨상까지 안겨준 우주배경복사는 도대체 어떤 것이었을까요? 이를 알기 위해서 우리는 우주가 태어날 때의 시간으로 돌아갈 필요가 있습니다.

　우리 몸을 포함한 물질은 원자로 이루어져 있습니다. 원자는 다시 전자와 원자핵으로 구성되어 있지요. 빅뱅우주론에서 우주가 한 점으로부터 폭발적으로 태어난 직후, 물질은 전자와 원자핵으로 산산조각이 나

있었습니다. 온도가 너무 높아 전자와 원자핵이 손을 잡고 있지 못하고 사방팔방으로 뛰어다니는 모습을 생각해보세요. 이런 상태에서 우주 초기의 빛 역시 전자와 원자핵들에게 가려져 앞으로 나아갈 수 없었습니다. 그래서 과학자들은 이때의 우주가 불투명하다고 표현합니다. 마치 안개가 끼면 자동차 불빛이 물방울에 자꾸 부딪혀 사방으로 퍼지는 것처럼 말이죠.

점차 우주가 팽창하고 온도가 내려가면서 전자와 원자핵이 뭉쳐 수소와 헬륨 원자를 만듭니다. 이 뒤에는 빛이 우주공간을 뚫고 퍼져나갈 수 있게 되죠. 그래서 과학자들은 우주가 투명해졌다고 말합니다. 펜지어스와 윌슨이 본 우주배경복사 전파는 바로 우주가 태어난 후 투명해지자마자 출발한 빛, 즉 태초의 빛을 관측한 것이었습니다. 그렇기 때문에 우주 어디에서나 같은 크기만큼 태초의 빛이 잡음의 형태로 보였던 것입니다.

우주 초기의 빛은 주파수가 매우 높았습니다. 참, 빛에서는 주파수라는 단어보다 같은 의미의 단어인 진동수를 더 많이 사용합니다. 어떻게 우주 초기의 높은 진동수를 가진 빛이 우리에게는 아주 느린 진동수의 전파가 되어 왔는지 궁금하지 않으세요? 그 이유는 우주의 팽창으로부터 찾을 수 있습니다.

소방서 근처에서 살다 보면 사이렌소리를 참 많이 듣습니다. 그런데 재밌는 것은 누구나 사이렌 소리를 들으면 소방차가 어느 방향으로 출동하는지 종종 알 수 있다는 것입니다. 우선 소방차가 우리 쪽으로 다가온다고 생각해봅시다. 그럼 사이렌 소리는 더 높은 음으로 들릴 것입니다. 잘 이해가 안 간다고요? 그럼 반대로 소방차가 우리로부터 멀어질 때를 떠올려보세요. 소방차가 어느 정도 멀어지기 시작하면 사이렌소리도 작아지죠. 그리고 음의 높이도 더 낮아진다는 것을 알 수 있습니다. 사실 음의 높낮이는 진동수의 높낮이와 같습니다. 이를 도플러 효과

Doppler effect라고 부르는데, 특히 빛의 경우 이렇게 도플러 효과로 인해 빛의 진동수가 낮아지는 것을 적색편이red shift라고 부릅니다. 우주가 팽창하면서 우주 초기의 빛 역시 우리와 멀어지는 방향으로부터 도달하게 되었고, 이 때문에 우주 초기의 빛은 실제보다 훨씬 느린 진동수로 발견된 것입니다. 결국 우주배경복사는 빅뱅이론으로부터 태어나서 우주의 팽창으로 속도가 느려진, 대표적인 빅뱅이론의 증거라고 할 수 있습니다.

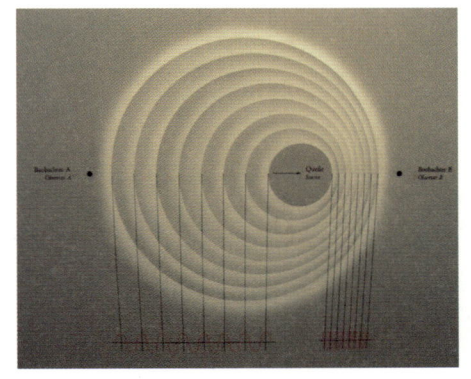

음의 높낮이와 진동의 높낮이는 같다는 도플러 효과

호기심이 우주의 비밀을 풀다

우주배경복사의 발견 이후, 우주가 어떻게 태어나고 진화할 것인지를 설명하는 여러 이론들 중에 빅뱅이론만이 살아남았습니다. 빅뱅이론과 함께 당시의 천문학자들을 꽉 잡고 있던 이론인 정상우주론은 우주배경복사를 설명하지 못했기 때문에 결국 폐기되었죠.

정상우주론이란 우주가 영원히 존재하며 시간에 따라 팽창하면서 빈 공간에 별들이 새로 태어난다는 우주론입니다. 이 역시 우주가 팽창하지만 우주의 시작과 끝이 없기 때문에 우주배경복사를 설명할 어떠한 방법도 없었죠. 오히려 우주의 진짜 모습인 빅뱅 이론은 우주배경복사가 발견되기 전까지 천문학자들에게 불편한 존재로 남아 있었습니다. 특히 우주가 한 점으로부터 시작되었다는 내용이 마음에 크게 걸렸다고 합니다.

펜지어스와 윌슨은 자신들의 발견이 얼마나 중요한 것인지 발견 당시에는 잘 몰랐다고 합니다. 하지만 그들의 작은 호기심으로 우리는 우주배경복사라는 가장 오래된 우주의 모습을 만날 수 있었습니다.

최단기 노벨물리학상 수상, 그래핀이 뭐기에?!

우연과 호기심은 우주에 대한 우리의 지평을 넓혔을 뿐만 아니라, 새로운 세상을 여는 데 중요한 열쇠가 되어 주기도 합니다.

2010년 노벨 물리학상의 수상자가 발표되었을 때 많은 과학자들은 깜짝 놀랐습니다. 보통의 경우에는 연구 가치가 인정받을 때까지 긴 시간이 지난 뒤에야 노벨상이 주어집니다. 우리에게 디지털 시대를 열게 해 준 트랜지스터의 경우 노벨상 수상까지 8년이라는 시간이 걸렸습니다. 반면 2010년 노벨 물리학상의 주인공인 '그래핀Graphene'의 경우 2004년에 처음으로 발견되었으니, 노벨상 수상까지 6년밖에 걸리지 않은 것이지요.

노벨상 위원회는 이토록 빠른 수상의 이유에 대해 그래핀의 놀라운 물리적 성질과 함께 그래핀의 응용성을 뽑았습니다. 그래핀의 발견 이후, 과학자들은 그래핀의 물리적 성질을 밝히는 것과 대면적 그래핀을 얻을 수 있는 방법 등 다양한 주제에 대해 많은 연구를 진행하고 있습니다. 그렇다면 그래핀이란 무엇이고 어떤 성질을 갖고 있을까요?

그래핀이란 탄소라 불리는 원자가 벌집 형태로 배열되어 있는 물질입니다. 탄소란 지구에서 흔히 볼 수 있는 물질입니다. 우리가 쓰는 연필심의 원료인 흑연도 탄소로 이루어져 있습니다. 뿐만 아니라 탄소는 우리의 몸을 이루는 DNA와 수많은 단백질의 중요한 구성 원소이기도 합니다. 놀라운 사실은 지구에서 가장 비싼 보석 중 하나인 다이아몬드 역시 탄소만으로 이루어졌다는 것입니다. 다이아몬드와 흑연은 오직 탄소만으로 이루어진 물질인데, 두 물질의 성질은 확연히 차이가 납니다. 다이아몬드는 지구상에서 가장 딱딱한

그래핀의 원자 구조

광물임에 비해 흑연은 손으로 문지르기만 해도 쉽게 묻어나는 약한 광물이죠. 또한 투명도, 전기 전도도 같은 면에서도 두 물질의 다양한 성질들이 크게 차이가 납니다. 물론 두 물질의 가격 역시 천지차이겠지요.

두 물질의 차이는 바로 원자들의 배열된 상태, 즉 격자 모양에 있습니다. 다이아몬드는 다이아몬드 결정 구조라는 모양으로 탄소들이 배열되어 있습니다. 하지만 흑연은 벌집 모양이 연속적으로 붙어 있는 벌집구조 형태가 켜켜이 쌓여서 만들어집니다.

탄소는 벌집구조를 이루는 육각형의 꼭짓점마다 자리를 잡고 있습니다. 벌집구조의 격자 안에서 탄소들은 강하게 연결되어 있지만, 켜켜이 쌓인 벌집구조들 사이에는 이보다 약한 힘으로 연결되어 있어 쉽게 층층이 벌집구조가 떨어질 수 있습니다. 그래서 흑연이 잘 부서지는 것이죠.

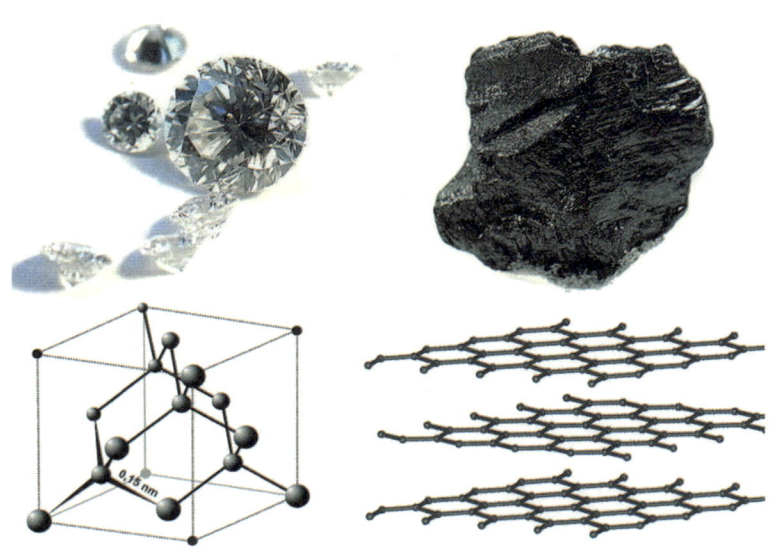

다이아몬드와 흑연의 원자 구조

그래핀, 무엇에 쓰는 물건인고?

그래핀은 탄소들로 이루어진 벌집구조 한 층만 있는 물질입니다. 흑연은 그래핀이 두껍게 쌓여 만들어진 것이고, 우리 주위에서 쉽게 볼 수 있는 물질이라 과학자들은 이 흑연을 이용해 그래핀을 분리해보려고 많이 시도를 했습니다.

그래핀에 대한 이론적인 고찰은 20세기 후반에 많이 이루어졌지만 누구도 흑연으로부터 벌집구조 한 층, 즉 그래핀을 분리해낼 수 없었습니다. 심지어는 2차원 모양을 한 그래핀이 단독으로 있기 어려울 것이라는 예측도 있었습니다. 수많은 실험이 실패로 돌아가면서, 과학자들에게 그래핀은 이론으로만 존재하는 물질이 되었습니다.

과학자들이 그래핀에 대해 그토록 열광했던 이유는 바로 독특한 물리적 성질 때문이었습니다. 앞에서 살펴보았듯, 그래핀은 탄소원자가 평면으로 배열되어 있기 때문에 종이보다 훨씬 얇아 투명하면서도 쉽게 휘어집니다. 또한 벌집구조에 놓인 탄소원자들은 아주 강한 힘으로 묶여 있어 쉽게 그래핀이 부서지지 않습니다. 그런데 이런 성질만으로 과학자들을 열광시키기엔 부족합니다. 그래핀의 놀라운 성질은 바로 전자 전도도와 열 전도도, 그리고 강도에 있습니다.

그래핀은 우리가 반도체 소자로 쓰고 있는 실리콘보다 약 100배 정도 전자 전도도가 높습니다. 이와 동시에 아주 작은 크기로 회로를 만들더라도 저항이 실리콘의 경우보다 낮아, 그래핀이 반도체 기술에 쓰일 경우 컴퓨터의 두뇌인 CPU를 지금보다 훨씬 더 빠르게 만들 수 있습니다. 또한 그래핀의 열 전도도는 구리만큼 높아서 반도체 회로의 열을 빠르게 방출시키는 재료로 쓰일 수 있습니다. 또한 강도가 철보다 강해 얇은 그래핀으로 만들어진 회로는 실생활에서 충분히 쓰일 수 있을 것으로 보고 있습니다. 휘어지는 플라스틱에 그래핀으로 투명한 전기회로를 새겨 넣으면 휘어지고 돌돌 말 수 있는, 플렉서블 화면flexible display을 만들 수도 있습니다. 머지않아 종이를 접듯 휴대전화의 화면을 접고 다니면서 필요할 때마다 펼쳐 볼 수 있을지도 모르겠습니다.

이외에도 물리학자들은 양자물리학으로부터 도출된 여러 이론의 결과가 그래핀에서 관측 가능하다는 사실을 깨달았습니다. 즉, 이론을 실험으로 증명할 수 있게 되면서 그래핀은 학문적으로도 매우 중요한 물질이 된 것입니다.

엉뚱한 연구로 발견된 그래핀

2010년 노벨상을 받은 안드레 가임Andre Geim과 콘스탄틴 노보셀로프Konstantin Novoselov는 호기심으로 시작한 우연한 실험으로부터 그래핀을 만들어냈습니다.

2004년 영국 맨체스터 대학교의 가임 교수 연구팀은 재미있는 실험 하나를 시작합니다. 당시 노보셀로프 박사는 이 연구팀의 연구원이었죠. 이들은 금요일마다 연구와 아무 상관없는 재미있는 실험을 계획하고 직접 해보는 시간을 가졌다고 합니다. 연구와 아무 상관이 없으니 말 그대로 실험 놀이를 했던 것이죠.

가임 교수는 참 엉뚱한 면이 있었는데, 이를 잘 보여주는 일화가 있습니다. 그는 강력한 자석을 이용해 개구리를 공중으로 띄우는 연구로 2000년에 이그 노벨상을 받았습니다. 이그 노벨상은 노벨상의 패러디 상인데요. 논문으로 발표된 연구 중 "흉내낼 수 없거나, 흉내내선 안 되는" 기발한 연구를 선정해 매년 상을 줍니다. 원래는 자성체에 대한 연구인데, 그는 엉뚱하게

안드레 가임과 콘스탄틴 노보셀로프

도 개구리를 자석에 띄워 실험을 한 것이죠.

가임 교수와 노보셀로프는 개구리를 공중부양 시키는 실험만큼 엉뚱하고 황당한 생각을 하게 됩니다. 그들은 흑연의 얇은 벌집구조들이 약하게 연결되어 있으니까 이를 스카치테이프로 떼어낼 수도 있겠다는 아이디어를 냅니다. 그들이 한 실험은 다음과 같습니다. 우선 책상에 놓인 스카치테이프의 끈끈한 접착 면에 순도가 높은 흑연을 묻힙니다. 그 다음, 아무것도 묻지 않은 테이프의 끈끈한 면과 흑연이 묻은 테이프의 끈끈한 면을 붙이고 떼는 일을 반복합니다. 깨끗한 테이프 면에 계속 흑연을 덜어내듯 붙이고 떼는 일을 몇 번 해주면 어느덧 마지막 테이프에는 그래핀만 남아 붙어 있게 됩니다. 물론 너무 얇아서 맨눈으로 보이지 않지요. 이 정도면 여러분도 쉽게 따라할 수 있는 실험 아닌가요? 그런데 이것이 노벨상을 받게 한 가장 중요한 과정이었죠!

가임과 노보셀로프는 분광실험을 통해 그들이 테이프로부터 떼어낸 흑연 조각이 정말로 얇고 작은 그래핀 조각임을 확인했습니다. 수십 년 동안 실험이 실패하면서 이론으로만 존재하던 그래핀이 인류에게 최초로 모습을 드러내던 순간이었습니다.

이와 비슷한 시기에 미국의 콜럼비아 대학교의 김필립 교수팀 역시 그래핀을 분리해내는 연구를 하고 있었습니다. 김필립 교수팀은 원자힘현미경Atomic-force microscope이라 불리는 장치에 쓰이는 미세한 탐침봉의 끝에 흑연을 붙인 뒤, 실리콘 판 위에 탐침봉을 그어서 그래핀을 만드는 실험을 하고 있었죠. 이 실험은 마치 연필로 종이 위에 선을 긋는 것과 비슷해서 나노 연필nano pencil이라는 별명이 붙었습니다. 하지만 가임 교수가 스카치테이프로 그래핀을 먼저 발견하는 바람에 나노연필 연구는 그래핀을 처음으로 보는 영광을 놓치고 말았습니다. 이후 김필립 교수팀은 그래핀 속에 숨겨진 양자물리학적인 현상들을 실험을 통해 관측하고 이론적으로 이를 설명하는 뛰어난 연구들을 진행했습니다. 그래서 2010년 노벨물리학상이 가임과 노보셀로프에게 주어졌을 때, 많은 과학자들이 김필립 교수 역시 그래핀의 성질을 밝힌 공로가 인정되는데 노벨상 수상에서 제외되었다며 아쉬워했지요. 한국에서도 뉴스와 신문을 통해 많은 사람들이 아쉬워하기도 했습니다.

여섯 단계 분리의 법칙과 복잡계 과학

의외로 철두철미할 것만 같은 물리학에서 우연과 호기심은 중요한 발견을 자주 만들어냅니다. 컴퓨터와 전자기기들의 눈부신 발전 덕분에 우리는 언제 어디서든 사람들과 메시지를 주고받고, 소셜 네트워크 서비스Social network service, SNS를 통해 쉽게 친구들의 소식을 접합니다. 물론 여러분도 수많은 SNS를 통해 하고 싶은 이야기를 마음껏 할 수 있지요.

최근 물리학자들은 자연을 이해하는 여러 방법을 통해 사람들의 행동이나 사회 현상을 거시적인 규모에서 이해하고자 합니다. 그러나 자연과 달리 사람들의 관계는 생각보다 복잡합니다. 예를 들어보죠. 여러분 중에는 분명 수백 명이 넘는 친구를 가진 분도 있겠지만, 대부분의 사람들은 수십 명에서부터 약 200명 사이의 친구를 갖고 있습니다. 1967년 미국 하버드 대학교의 교수였던 스탠리 밀그램Stanley Milgram이 진행한 재미있는 실험을 살펴보죠.

밀그램 교수는 미국의 네브래스카 주와 캔자스 주의 적당한 도시에 사는 사람들에게 부탁을 합니다. 매사추세츠 주에 사는 어떤 사람에게 편지를 보내달라고 말입니다. 단 조건이 있습니다. 우편을 이용하면 안 되고, 자신이 아는 사람 중 한 명에게 이 편지를 건네주어야 합니다. 편지를 받은 누군가도 같은 방식으로 전달해야 하죠. 실험이 끝난 뒤 결과를 살펴보니 296통의 편지 중 오직 64통의 편지만 주인에게 돌아갔습니다. 재밌는 사실은 이 편지들이 평균 여섯 다리를 거쳐 도착했다는 것입니다. 즉, 처음 사람부터 편지의 주인공까지 평균 다섯 명의 사람이 있다는 것이죠. 이는 넓은 미국에서 서로 모르는 사람끼리도 평균 다섯 명의 친구를 통해 서로 알 수 있음을 뜻합니다.

어떻게 대부분의 사람들이 많지 않은 친구를 가지면서도 이런 결과가 나올까요? 물리학자들은 네트워크 과학을 통해 세상을 이해하기 시작했습니다. 네트워크란 많은 점과 점들을 잇는 선으로 구성된 대상입니다. 사람을 점으로, 관계를 선으로 그리면 우리가 평균 몇 단계 만에 모두와 연결되는지 계산할 수 있죠.

처음에 일부 학자들은 밀그램의 실험에 동의하지 않았지만, 최근에는 사람들 사이의 네트워크를 이해하면서 설명이 가능해졌습니다. 이처럼 인간 사회뿐만 아니라 자연이나 생명체에서 보이는 많은 현상들은 꽤 복잡해 무작위처럼 보이면서도 사실 수학적인 어떤 규칙을 가지고 있습니다. 복잡해 보이는 결과로부터 배경에 숨은 패턴이나 원리를 찾아내는 분야가 복잡계 물리학이고, 네트워크 과학은 복잡계 과학의 중요한 부분이 되었습니다.

월드와이드웹의 구조, 멱함수

물리학에서 빠질 수 없는 감초가 된 네트워크 과학은 사실 우연한 기회에 물꼬를 트게 됩니다. 그중 현재 KAIST 물리학과 정하웅 교수의 발견이 큰 영향을 미쳤지요.

1999년 정하웅 교수가 박사후연구원으로 미국의 노틀담 대학에 있을 때 알버트 바라바시Albert-László Barabási 교수와 함께 호기심으로부터 작은 프로젝트 하나를 진행합니다. 사실 그들은 프랙탈fractal이라는 주제로 연구를 하고 있었습니다. 그런데 바라바시 교수의 제안으로 정하웅 교수가 취미처럼 월드와이드웹world-wide web, WWW의 구조를 살펴보는 일을 하게 되었다고 합니다.

구조를 살펴보는 방법은 생각보다 단순합니다. 여러분이 A라는 웹페이지에서 어떤 링크를 클릭해 B 웹페이지로 넘어갔다면, A와 B는 서로 연결된 페이지가 됩니다. 이렇게 웹페이지의 링크를 모두 눌러가면서 어떻게 서로 연결되어 있는지 살펴본 연구였습니다. 물론 수백 명의 사람이 밤새 매달려 할 수 없어 프로그램이 대신 이 일을 해냈죠.

그럼 생각해봅시다. 대부분의 웹페이지들은 몇 개의 링크를 갖고 있을까요? 정하웅 교수는 경험상 대부분의 웹페이지가 20~30여 개 정도의 링크를 가지고 있고 크게 평균에서 벗어나지 않으리라 생각했다고 합니다. 그런데 결과는 조금 이상했습니다. 사람의 키나 수능 점수 분포 등 지금까지 알려진 분포와 다른 이른바 '멱함수' 분포가 나온 것이죠.

하나의 평균을 중심으로 몰리는 종 모양의 분포와 달리 멱함수 분포에서는 수만 개의 링크를 가진 웹페이지들도 존재했습니다. 이는 우리의 생각을 완전히 벗어난 것이었죠.

게다가 물리학에서 멱함수 분포는 물이 얼음으로 변할 때처럼 상전이 현상[■]이 나타날 때 주로 보입니다. 상전이 현상에서는 보기 힘든 현상들이 일어나기 때문에 물리학에서 꽤 중요하게 다루는데, 이게 인터넷의 구조에서도 나타난 것이죠. 이 연구는 1999년 저명한 저널인 《네이처》에 게재되었고, 곧 물리학자들의 주목을 받습니다.

■ **멱함수**

주어진 지수(k)의 거듭제곱 꼴로 나타나는 함수. f(x)=ax^k 보통 k<0일 경우 x가 커질수록 종 모양의 가우시안 함수보다 느리게 0으로 접근한다. 이런 특징으로 x가 큰 값이어도 무시할 수 없는 크기의 함수값을 갖게 된다. 이런 특징 때문에 긴꼬리(long tail)를 가졌다고도 불린다.

■ **상전이 현상**

물리적 성격이 급격하게 변하는 현상.

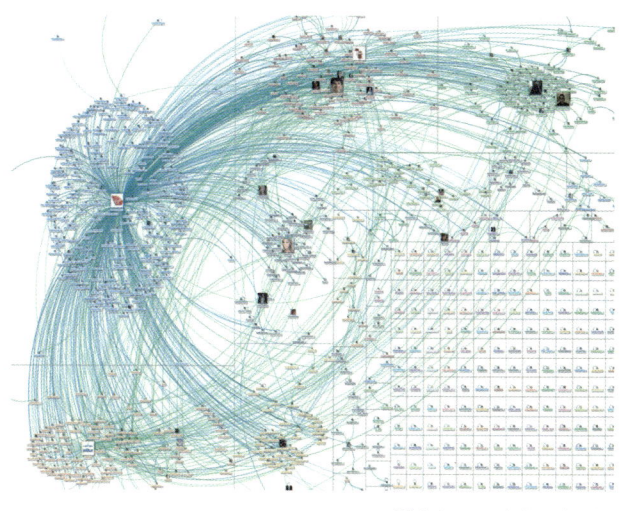

멱함수 분포를 가지는 네트워크

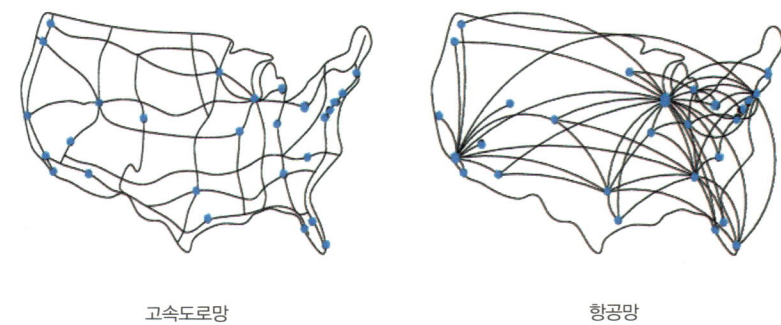

고속도로망   항공망

멱함수는 네트워크에서 점이 몇 개의 연결선으로 연결되어 있는지를
보여주는 함수입니다. 대부분의 점들이 비슷한 수의 연결선을 갖고 있는
것이 아니라 특정한 허브가 매우 많은 연결선을 갖고 있는 것이 특징입
니다. 멱함수 분포는 여기저기서 나타났습니다. 대표적으로 세계 비행기
들의 노선을 그린 항공망 네트워크에서 찾아볼 수 있죠. 중심 역할을 하
는 공항에서 특히 많은 노선을 갖고 있습니다. 이는 또 다른 교통망인 고
속도로 네트워크와 완전히 다른 결과였죠.

이외에도 생물학에서 단백질 분자들이 무엇과 반응하는지를 나타낸 반
응 네트워크, 사람들의 친구들이나 트위터Twitter의 친구들의 연결을 보여
주는 인맥 네트워크 등 많은 분야에서 멱함수 분포가 발견됩니다.

멱함수가 우리와 무슨 상관이야?

이런 멱함수 분포는 우리에게 어떤 도움을 줄 수 있을까요? 사실 이 질
문은 매우 중요합니다. 어떤 네트워크가 새로운 모습을 가졌다고 해서
우리 삶에서 바뀌는 건 없으니까요. 그러나 멱함수 분포는 우리에게 생
각보다 커다란 도움을 주고 있습니다.

네트워크 과학 연구 중에 네트워크의 견고함에 대한 분야가 있습니

다. 네트워크의 견고함은 컴퓨터 시뮬레이션을 통해 공격이나 무작위적인 오류로부터 측정됩니다. 공격이란 악의적인 집단이 네트워크의 어떤 부분을 부수는 것이지요. 반면 오류는 무작위로 어떤 부분이 고장 나는 것을 말합니다. 우리는 네트워크의 견고함을 인터넷 망에 적용시켜 외부의 문제로부터 크게 망가지지 않는 안전한 인터넷 망을 만들 수 있습니다.

이외에도 구글Google의 검색 역시 네트워크 과학과 깊은 관련이 있습니다. 구글은 중요한 웹페이지와 중요하지 않은 웹페이지를 스스로 판단하는데, 그 기준이 바로 얼마나 많은 링크를 받았는가 하는 점입니다. 사람들은 좋은 페이지는 공유하거나 자신이 관리하는 페이지에 링크를 남겨둡니다. 나중에 또 쉽게 찾아봐야 하니까요. 구글은 인터넷의 네트워크로부터 각 페이지의 링크가 다른 페이지에 얼마나 많이 있는지를 파악해서, 사람들이 많이 찾은 페이지부터 먼저 보여줍니다.

네트워크에 대한 이해가 깊어지면서 우리가 복잡하다고 생각해 알지 못했던 대상들을 살펴볼 수 있게 되었습니다. 인터넷이나 복잡한 생물학의 반응들, 우리가 대상이 너무 많아 살펴볼 수 없다고 생각한 수많은 것들이 네트워크 위에 놓여 우리에게 단순한 몇 가지 규칙을 보여줍니다. 우리는 네트워크로부터 얻어진 몇 가지 보편적인 특징들로부터 이들이 왜 그렇게 만들어졌는지 이해하기 시작했습니다. 또한 우리가 알게 모르게 만든 네트워크들이 가진 취약점이나 비효율을 계산할 수 있게 되었죠.

물리학자들의 호기심으로부터 출발한 몇 가지 연구들이 네트워크 과학의 시대를 열었고, 전통적인 통계물리학이라는 분야와 합쳐져 우리는 복잡계를 이해할 수 있게 된 것입니다.

'왜?'라는 질문이 열어준 새로운 지평

지금까지 우주배경복사와 그래핀의 발견, 그리고 네트워크 과학의 시작을 통해 우연과 호기심이 만든 과학을 살펴보았습니다. 물론 과학은 뛰어난 재능을 가진 사람들의 엄밀한 연구로부터 발전해왔습니다. 하지만 이런 엄밀한 연구들이 더 이상 돌파구를 찾지 못해 과학자들이 난감해할 때 해답을 제시해준 것은 바로 우연과 호기심이었습니다.

사실 과학은 호기심으로부터 출발합니다. '왜?'라는 우연한 질문 또는 호기심으로부터 출발해 얻은 답은 사실 기존의 과학자들이 생각하지 못한 새로운 지평을 열어주기도 합니다. 우리가 가장 잘 아는 유명한 물리학자 아인슈타인 역시 호기심이 아주 많았다고 합니다. 그의 상대성이론도 '왜?'라는 물음으로부터 출발했지요. 그래서인지 그는 "나는 특별한 재능이 있는 것은 아니고, 단지 굉장히 호기심이 많은 것이다"라고 말했습니다.

하지만 호기심으로부터 출발한 물음의 답을 얻는 과정은 그리 낭만적이지 않습니다. 과학자들은 수많은 아이디어와 실험이 실패하면서도 계속 답을 찾기 위해 노력합니다. 이렇게 계속되는 실험과 연구 속에서 가끔은 생각하지 못한 기회에 실마리를 찾는 경우가 있지요.

과학은 어렵고 엄밀한 학문이어서 비전공자들에게는 무척이나 낯설게 느껴집니다. 하지만 과학 역시 사람들 사는 것처럼 재치와 노력 그리고 우연과 호기심이 모두 잘 버무려진 학문이라는 것을 알게 되면 과학과 조금은 친근해지지 않을까요?

조우성 | 광명북고등학교를 졸업하고 성균관대학교에서 물리학을 전공했다. 현재 성균관대학교 물리학과 대학원에서 통계물리학을 연구하고 있다. 기존의 통계물리학뿐만 아니라 사회, 경제 현상을 물리학으로 이해하려는 노력에 큰 관심을 갖고 있다. 이와 함께 천문노트(astronote.org)의 운영진으로, 여러 사람들과 함께 밤하늘과 과학을 즐기고 싶은 소망이 있다.

대한민국은 IT 인프라와 스마트 기기 활용이 널리 퍼져 있어 분산지능형 로봇에 대한 개념이 태동한 곳입니다. 또한 '10월의 하늘'과 같은 과학 교육 기부를 통해 멘토와의 만남과 로봇 체험 등의 기회도 있습니다. 따라서 2025년쯤에는 10월의 하늘에 참여한 여러분 중 누군가는 세계적인 로봇 천재가 될 수 있겠지요.

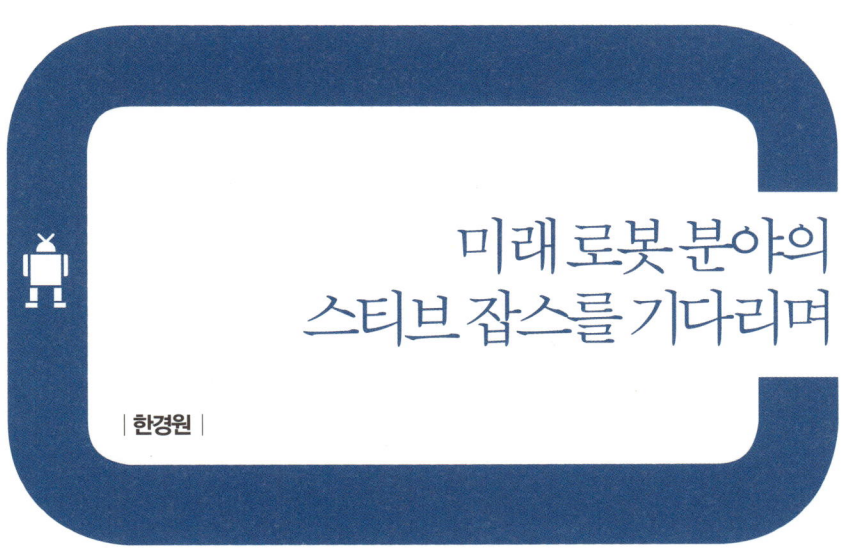

미래 로봇 분야의
스티브 잡스를 기다리며

|한경원|

IT 천재들의 탄생과 실리콘밸리

1946년, 미국 동부 펜실베니아 대학에서 개발한 제1세대 컴퓨터 에니악 ENIAC이 등장합니다. 그리고 9년 후 1955년, 미국 서부에서 두 명의 IT 천재들이 탄생하죠. 공교롭게도 같은 해에 태어난 이 두 천재는 여러분 모두 잘 아는 빌 게이츠Bill Gates와 스티브 잡스Steve Jobs입니다.

시애틀 출신으로 작업처리를 위한 프로그래밍에 필요한 수리, 논리력이 뛰어났던 빌 게이츠는 하버드 응용수학과를 중퇴하고 마이크로소프트MicroSoft라는 회사를 세워, 소프트웨어를 기반으로 1980∼90년대 큰 성공을 거두었습니다. 반면 철학에서부터 예술과 전자공학 등에 고루 관심이 많았던 스티브 잡스는 샌프란시스코 출신으로, 애니메이션, 모바일, 모바일 서비스까지 포괄하여 2000년대 후반 실리콘밸리의 중심에 서 있었죠.

당시 서부 명문 스탠포드 대학의 프레드 터만^{Fredrick Terman} 교수는 반도체는 물론 모든 경제금융, 제조 산업 등이 동부에만 몰려 있는 것을 서부로 끌어오기 위해 스탠포드 대학을 중심으로 1938년 HP를 창업하며 벤처 회사들을 지원·육성하기 시작합니다. 그리하여 70여 년이 지난 현재 실리콘밸리는 구글, 페이스북, 애플, HP, 어도비, 야후, 썬 마이크로시스템즈, PARC, SRI 등 세계 IT업계의 심장이 되었죠.

이 두 천재, 빌 게이츠와 잡스의 활약이 눈에 띄던 2000년 초중반에는 구글의 래리 페이지^{Larry Page}와 세르게이 브린^{Sergey Brin}, 페이스북의 마크 주커버그^{Mark Zuckerberg} 등 또 다른 천재들이 등장하여 IT 세상의 변혁을 가져왔습니다. 그러나 스티브 잡스는 철학적 사고를 바탕으로, 전자공학, 음악, 디자인 등에 대한 융합적인 접근을 시도하여 단순한 IT 서비스뿐 아니라 엔터테인먼트의 영역과 IT 기기의 혁명까지 이끌었다고 평가받습니다.

(왼쪽부터 시계방향) 빌 게이츠, 스티브 잡스, 마크 주커버그, 래리 페이지

로봇 세계를 꿈꾸는 사람들

세계 최초로 산업적 측면의 로봇이 탄생한 것은 언제인지, 로봇 세계의 천재들은 세상을 어떻게 변화시키고 있는지 살펴보도록 할까요.

로봇의 아버지라 불리는 조셉 엥겔버거^{Joseph Engelberger} 박사는 1961년 뉴저지에서 세계 최초의 산업용 로봇인 '유니메이트'를 개발하여 산업용 로봇 보급에 나선 인물입니다. 1980년대에는 산업용 로봇이 서비스 분야로 옮겨갈 것을 예측하고 병원 안내 로봇인 '헬프메이트' 보급에 나서는 등 로봇의 산업화에 커다란 공헌을 해왔죠.

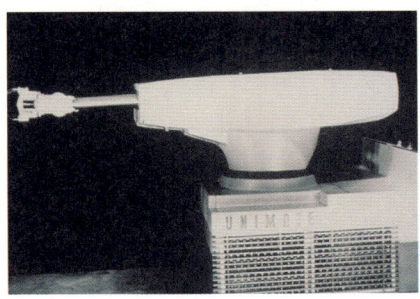

조셉 엥겔버거와 유니메이트

1990년대 초반부터 산업용 로봇에서 서비스 분야의 지능형 로봇에 대한 연구가 시작되었습니다. 기존 로봇의 인공지능■에 대한 한계를 벗어나기 위해 동물행동학을 로봇공학에 접목시켜 곤충로봇^{insectoid}에 대한 연구가 등장했죠. 호주 출신으로 순수 수학을 전공한 후, 스탠포드 대학에서 컴퓨터공학 박사학위를 받고 MIT의 인공지능 연구소 교수가 된 로드니 브룩스^{Rodney Brooks}가 선두에 섰습니다. 그는 기존의 로봇에 탑재하는 인공지능이 모든 상황을 데이터베이스로 저장해 놓고 여러 선택지 중 한 가지를 고르는 것이 아니라, 마치 생명체(곤충)가 환경의 자극에 대응하는 것처럼 자율적으로 움직이는 생존규칙을 탑재합니다. 로봇이 센서를 통해 환경과 상호작용하며 스스로 통제하도록 하는 방법을 제안한 것이죠. 이렇게 탄생한 것이 여섯 개의 다리를 가진 로봇 '징기스^{Genghis}'입니다. 이후 로드니는 MIT 대학의 교수를 그만두고 청소하는 로봇 '룸바'로 유명한 아이로봇 사의 최고기술경영자^{CTO}를 거쳐 리싱크 로보틱스의 CTO로 일하고 있습니다.

■ **인공지능**
인간의 학습능력과 추론능력, 지각능력, 자연언어의 이해능력 등을 컴퓨터 프로그램으로 실현한 기술

곤충로봇 징기스

현재 MIT 미디어 연구소의 개인용 로봇그룹 교수인 신시아 브리질Cynthia Breazeal은 인간과 로봇이 함께하는 사회를 꿈꾸었던 로드니 브룩스의 제자로, 1990년대 후반에 '키스멧Kismet'이라는, 감성을 표현하는 로봇으로 박사학위를 받았습니다. 이후 신시아는 MIT에서 사회적 로봇에 대한 연구를 위해 사회적 인지social cognition■와 마음 이론Theory of Mind■ 등을 로봇 기술에 접목하고 있죠.

2005년에 처음 만났던 신시아 교수는 지금 세 아이의 엄마이기도 한데, 아동의 상상력과 스토리텔링을 증진시키기 위해 프로젝터, 로봇, 제스처, 터치 인터페이스를 결합하여 어린이들이 가족이나 친구와 함께 상상 속의 캐릭터와 실제 환경에서 상호작용할 수 있도록 한 로봇 기반 차세대 미디어 형태인 플레이타임Playtime 시스템을 개발하기도 했습니다. 그녀는 개인용 로봇 연구에 대한 자신감이 굉장한 것으로 보였습니다.

■ **사회적 인지**

다른 사람의 감정, 생각, 의도 및 사회적 행동을 이해하는 능력. 인간관계의 기본으로 다른 사람과 원만한 관계를 유지할 수 있게 해준다.

■ **마음 이론**

다른 사람의 마음 상태를 인지하고 이해하는 공감능력. 의도, 바람, 신념 등의 정신 상태가 자신과 상대방의 행동에 영향을 미친다는 것을 이해하는 능력이다.

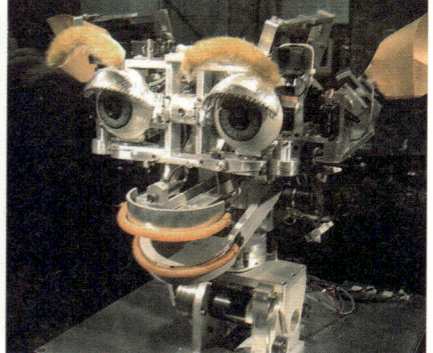

플레이타임 시스템을 이용하고 있는 아이들과 감성을 표현하는 로봇 키스멧

기술 공유와 협업으로 성장하다

우리나라는 2005년부터 IT 기반 지능형 서비스 로봇 URC^Ubiquitous Robotic Companion의 개념을 정보통신부를 중심으로 본격적으로 추진하기 시작했습니다. 로봇의 지능을 IT에 접목하여 분산시킨다는 분산지능 개념이죠. 하지만 이러한 로봇의 분산지능에 대한 개념을 현실화하기 위해서는 기술 개방과 공유를 통한 협업이 필요합니다.

이러한 기술적이고 시대적인 요구로 오픈 소스 플랫폼 개념의 로봇회사가 실리콘밸리에 2006년 등장합니다. 바로 윌로우 거라지입니다. 윌로우 거라지는 스탠포드에서 컴퓨터 과학으로 박사학위를 받고 PARC와 IBM에서 근무하던 스티브 코우신^Steve Cousins이 회사를 설립했습니다. 그는 오픈 소스 로봇 플랫폼^Robot Operating System, ROS 기반의 개인용 로봇^PR을 만들고 있는데 현재 PR2 버전까지 출시한 상태이고 각국의 로봇 엔지니어들이 오픈 소스로 협업을 하고 있습니다. 윌로우 거라지는 야후의 투자자이자 구글 개발자였던 스콧 하산^Scott Hassan이 투자자로 참여하고 있기 때문에 전 세계의 이목이 윌로우 거라지에서 배출하는 로봇 천재를 주목하고 있습니다.

제가 스탠포드에서 연구를 하던 당시 윌로우 거라지를 방문한 적이 있는데 스티브 코우신이 직접 안내를 해주었죠. 그 옆에선 개인용 로봇 PR2가 음료수를 따라주거나 빨래를 개고 문을 여는 모습을 볼 수 있었습니다. 세계 로봇학자 및 전문가들이 주시하며 협력을 아끼지 않는 윌로우 거라지가 열어갈 로봇 세상의 모습은 어떨지 벌써부터 궁금해집니다.

음료수를 따라주거나 일을 하는 로봇 PR2

2012년 출범한 오픈 소스 로봇 재단^OSRF, osrfoundation.org은 로봇 연구와 교육, 제품 개발을 위한 오픈 소스를 개발하거나 배포

하는 비영리재단입니다. 이 세상에 존재하고 있는 다양한 소프트웨어와 각종 하드웨어 장비는 물론 로봇을 포괄하는 서비스를 더 많이 개발하기 위해서는 로봇 운영체제ROS를 공개하고, 전 세계의 ROS 개발자가 오픈 소스를 통해 협업하여 로봇 세상을 열어가야 한다는 콘셉트죠.

OSRF 재단의 이사진에는 스티브 코우신도 포함되어 있으며, 윌로우 거라지의 핵심 개발 인력인 브라이언 저커 박사, 아이로봇 사의 CEO인 헬렌 그레이너, 그리고 유진로봇의 박성주 연구소장도 참여하고 있습니다. 브라이언 박사와 박성주 연구소장은 오픈 소스 로봇 플랫폼에 대한 비전을 긴밀히 나누고 있습니다. 이는 한국에서도 빠른 시일 내에 로봇 시장을 열 수 있다는 가능성을 보여주고 있답니다.

로봇 세상이 이루어지는 특이점

빌 게이츠와 스티브 잡스보다 7년 먼저 태어난 MIT 출신의 미래학자 레이 커즈와일Ray Kurzweil은, 작곡가인 아버지와 시각예술가인 어머니 사이에서 태어났습니다. 그는 벨 연구소 엔지니어로 일하는 삼촌에게 어릴 때부터 컴퓨터 프로그래밍을 배워 15살부터 코딩을 할 줄 알았고, 스캐너를 발명하고 맹인을 위한 인쇄물 읽어주는 기계인 TTSText to Speech, 신디사이저 등을 개발한 천재 발명가입니다. 덕분에 '에디슨의 후계자'라는 별명을 얻었죠.

그는 인간이 만들어낸 인공지능이 인간의 지능을 넘어서는 특이점Singularity에 대한 연구를 진행했습니다. 2025년이 되면 인공지능이 상상치 못했던 수준으로 올라가 슈퍼 지능 상태가 될 것이라는 것을 인류 기술 발전과 수확 가속 법칙 등의 수리 통계적 함수를 통해서 예측하고 있습니다. 또한 그는 2008년 실리콘밸리에 싱귤래리티 대학을 창립했습니다. 이 대학은 미래에 발생하는 문제가 너무 복잡해져 모든 인류의 지능을

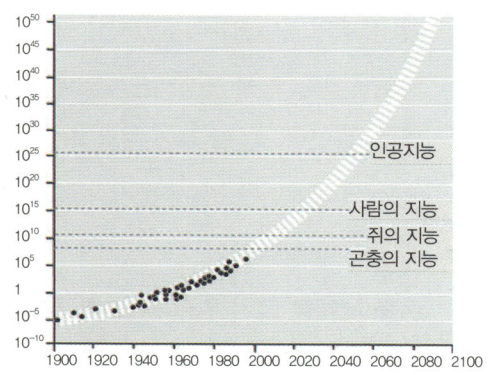

미래학자 레이 커즈와일, 인공지능이 인간의 지능을 넘어서는 특이점에 관한 통계 함수

다 합쳐도 해결할 수 없을 정도로 커졌을 때, 어느 한 부문, 한 분야만 알아서는 문제 해결이 불가능함을 깨닫고 이러한 상황을 대비해 사람들의 지식을 통합하여 지성을 합치는 노력을 하자는 목표로 설립한 대학입니다. 2011년에는 약 1,600여 명의 지원자가 입학을 희망했는데 그 가운데 80명만 선발하여 교육을 받을 수 있도록 했다고 합니다.

이 대학의 10개 전공과목은 미래학(레이 커즈와일이 직접 지도), 정책·법·윤리, 금융 및 기업가정신, 컴퓨팅 시스템, 바이오 공학, 나노 공학, 의학 및 신경과학, 인공지능 및 로봇(닐 야콥스타인, 라지 레디), 에너지 및 생태계, 우주공학 및 자연과학입니다. 대학 학장이며 로봇 전공을 담당하고 있는 야콥스타인 박사는 제가 스탠포드 인간과학기술융합(H-STAR) 연구소의 객원 연구원으로 근무할 때 친분을 나누기도 했습니다.

커즈와일 박사는 최근 구글에 입사하여 뇌 과학과 컴퓨터공학 분야를 융합한 인공지능[AI] 전략을 연구하고 있습니다. 인간의 뇌와 컴퓨터를 수술 없이 연결해 방대한 세계의 정보를 뇌가 '클라우드■'처럼 쓸 수 있도록 하는 연구입니다. 커즈와일 박사의 예측이 옳다면 현재 인공지능은

■ 클라우드
데이터와 서비스 자원을 데이터센터에 넣고 사용자는 노트북, 스마트폰 등의 기기를 통해 언제 어디서나 데이터와 서비스를 사용할 수 있다. 외장하드나 USB에 자료를 옮겨 보관하는 것이 아니라 인터넷이 가능한 곳이면 어디서든 자료를 받아볼 수 있는 기능.

쥐 정도의 수준인데, 인공지능이 인간과 같아지는 것은 2025년, 그리고 2050년에는 지구 인구 전체를 합친 것보다 컴퓨터의 지능이 더 높아진다고 합니다. 그의 주장대로라면 본격적인 로봇 세상은 2025년을 전후로 이루어질 수 있을 것으로 예측됩니다.

로봇 세계를 열기 위한 융합 연구들의 시도

소위 천재라는 사람들을 보면 어려서부터 수학, 공학, 철학, 예술 등 다양한 방면으로 지식을 쌓고 융합적인 사고로 접근하는 것을 알 수 있습니다. 따라서 특이점과 연관되는 로봇 세상을 열기 위해서는 인간처럼 스스로 학습하고 지식을 쌓으며 협력하여 문제를 해결하는 인지 로봇, 발달 로봇, 후성 로봇 등의 기계 – 생명 – 정보 – 인지(마음)를 동시에 연구해야 합니다. 2025년까지는 아직 갈 길이 멀지만, 이러한 로봇 융합 연구는 우리나라에서 생각했던 분산지능의 개념과 같이 정보 기반으로 이루어질 것으로 보입니다.

최근 코넬 대학과 유럽에서는 로봇이 생각하고 의사결정을 수행하는 것을 지원하기 위한 인터넷 기반의 정보 데이터베이스 시스템(라퓨타)을

클라우드 기반에서 로봇의 행동을 결정하는 라퓨타 시스템

연구하고 있습니다. 오픈 소스 형태의 플랫폼으로, 서비스 프레임워크로 작동하는 클라우드 엔진입니다. 단어가 너무 어렵죠? 쉽게 말하자면 빨래를 개거나, 냉장고를 열어 음료를 꺼내거나, 방을 찾아가 문을 여는 등 로봇들이 새로운 상황이나 물체를 마주하여 복잡한 작업을 처리할 때 현장에 있는 로봇은 프로그램을 다운로드 받거나 독립적으로 처리, 행동하는 것이 아니라 클라우드를 기반으로 한 환경에서 데이터를 처리하여 작업을 수행하는 것입니다.

미래 로봇 천재 기르기 위한 교육

미래 로봇 천재를 기르기 위해서는 어릴 때부터 융합 교육이 필요합니다. 현재 전 세계적으로 가상 세계와 현실 세계를 연동하는 교육이 많이 이루어지고 있습니다. 오른쪽 그림과 같이 아두이노 보드Arduino Board를 활용해 앵그리버드 게임을 즐기는 것이 대표적인 예입니다. 컴퓨터 화면과 연결되는 로봇도 만들 수 있는데, 주로 레고LEGO를 이용한 초등학생용 로봇 위두WeDo, 토포보Topobo가 가 그것이죠. 유아용 로봇 교육 키트인 위두는 어린이들이 쉽게 가상공간과 로봇을 상호작용하여 컨트롤할 수 있도록 지원합니다. 즉, 컴퓨터 모니터에는 MIT 미디어랩에서 개발한 프로그래밍 언어 '스크래치Scratch'를 이용하여 가상공간의 애니메이션이 구현되고 현실 공간에서는 로봇 키트 위두를 연동하여 상호작용하도록 하는 것입니다. 피코 크리켓Pico Criket도 유사한 원리로 디자인, 수

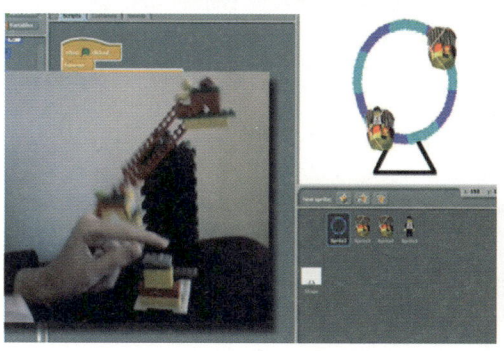

(위) 컴퓨터 밖에서 장난감 대포를 쏘며 즐기는 앵그리버드 게임
(아래) 위두로 만든 놀이공원 회전기구

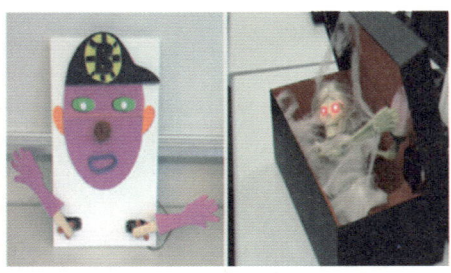

피코 크리켓과 아트보틱스 작품, 고고보드

학, 공학, 과학 등과 정보과학적 사고의 증진을 위한 교육활동에 사용됩니다. 매사추세츠 주립대학에서 개발한 슈퍼 크리켓 보드, 아트보틱스Artbotics도 유용한 학습놀이기구입니다. 이는 홀로 학습하는 것이 아닌 소셜네트워크를 통해 학습자 간 학습활동을 공유하는 데 연구의 가치를 두고 있죠. 스탠포드 대학에서 개발한 청소년 교육용 고고보드GoGoBoard 또한 스크래치와 연동되는 저가의 가정용 툴 킷으로, 여러 사람의 아이디어 공유와 협력을 추구합니다.

이러한 활동은 정보과학적 사고(알고리즘, 문제해결, 추상화, 연결), 협력(도구, 노력), 실습과 프로그래밍(학습, 창의도구, 프로그래밍, 경력), 커뮤니티와 글로벌 마인드, 그리고 윤리적 문제뿐만 아니라 창의성과 혁신, 소통과 협력, 탐구와 정보 활용성, 문제해결과 의사결정, 네티즌십, 기술수용성, 예술적 창의성까지 포함하고 있습니다.

미래 로봇 분야의 천재는 이러한 가상 세계와 물리 세계를 연동하는 프로그래밍 기법과 로봇 제어 등을 체험하면서 철학 및 예술적 사고를 함께 하며 길러질 것입니다.

서던캘리포니아 대학의 로봇 교육활동 및 관찰을 통해 경험적으로 얻은 연구논문에 따르면, 로봇 천재들은 자기 주장이 생기는 6~8살에 교육을 시작하는 것이 좋으며, 저학년 때는 연구소 방문을 통해, 중학년 때는 로봇 캠프를 통해, 고학년 때는 로봇경진대회 및 워크숍과 로봇학자와의 멘토링 등을 통해 기르는 것이 좋다고 추정하고 있습니다. 2025년 전후에 등장할 로봇 천재는 어릴 때 이러한 로봇체험 및 멘토와의 만

남을 통해, 그리고 IT와 로봇의 융합, 로봇과 예술의 융합을 통해 등장
할 것입니다.

　대한민국은 IT 인프라와 스마트 기기 활용이 널리 퍼져 있어 분산지능
형 로봇에 대한 개념이 태동한 곳입니다. 또한 '10월의 하늘'과 같은 과
학 교육 기부를 통해 멘토와의 만남과 로봇 체험 등의 기회도 있습니다.
따라서 2025년쯤에는 10월의 하늘에 참여한 여러분 중 누군가는 세계적
인 로봇 천재가 될 수 있겠지요. 그 로봇 천재와의 만남을 간절히 바라
겠습니다.

한정혜(필명: 한경원) | 청주교육대학교 컴퓨터교육과 교수. 정보사회 다음으로 도래하고 있
는 꿈의 사회(Dream Society)의 인재를 위한 융합교육에 관심을 가지고 있으며, 한국에서
미래 사회를 이끌어갈 과학자가 탄생하기를 소망한다. 스탠포드 대학의 인간과학기술융
합연구소에 방문 연구를 다녀왔으며, 아동과 청소년들이 과학자의 꿈을 키우기 위한 정보
기술과 로봇교육을 연구하고 있다.

와글와글 읽고 쓰기

| 과학자들의 서재 |

듣는 것이야말로 소통의 핵심인데 사람들은 더 잘 들으려고, 정확하게 들으려고 하지 않고 오히려 말하는 것에 집중하여 자신의 입술과 혀, 성대를 발달시켜왔습니다. 과연 그 이유는 무엇일까요? 이 문제는 사실 지난 몇 십 년 동안 과학자들이 풀지 못한 질문이었습니다. 그런데 사람들은 서서히 그 답을 알게 되었어요. 바로 거짓말을 하기 위해 언어를 발달시켰다는 것입니다!

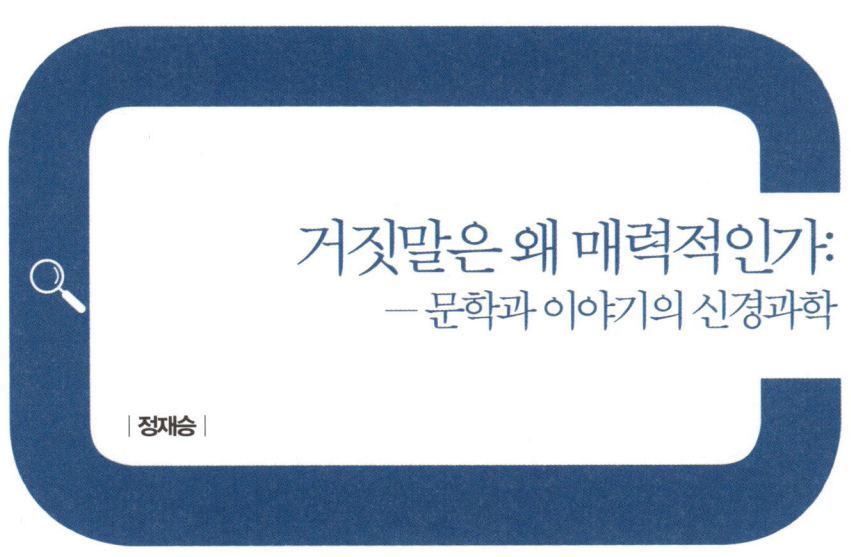

거짓말은 왜 매력적인가:
― 문학과 이야기의 신경과학

| 정재승 |

■　　　여러분은 거짓말 해본 적 있나요? '아니요'라고 해야 진정한 거짓말쟁이겠죠? 자, 몸풀기를 위해 지금까지 내가 해본 가장 센 거짓말 하나씩 고해성사 하는 시간을 갖고 시작해볼까요? 내가 해본 거짓말, '이것보다 더 센 건 없을 걸' 하는 것 어떤 게 있나요?

🧑 : 전 사람이 아니무니다.

👧 : 아까 그 UFO 제 거예요.

🧑 : 10월의 하늘은 재미없다!

👧 : 선생님은 참 잘 생기셨어요.

마지막 친구 빼고는 다들 거짓말을 참 잘 하네요. (ᵕ;) 우리는 가끔 거짓말을 합니다. 거짓말은 왜 하는 걸까요? 거짓말을 이야기하기 전에 우선 우리가 언어를 사용하고 대화를 한다는 점에 먼저 주목해봅시다. 동물과 인간을 구별하는 특성 중 하나는 인간은 말을 하고 대화를 한다는 것입니다. 원숭이의 뇌와 인간의 뇌는 97.8%가 비슷하다고 합니다. 약 2.2% 정도 다른 것이니 매우 비슷하다고 볼 수 있죠. 그 2.2%의 차이는 어디에서 발생하는가, 바로 우리 이마 안쪽에 위치한 전전두엽이라는 곳에서 나옵니다. 이곳에서 높은 차원의 사고를 가능하게 하죠.

여러분 중에 '박치기 왕' 있나요? '난 박치기를 잘해'라며 으쓱대는 친구가 계속 박치기를 한다면 의사결정에 장애가 올 수 있습니다. 박치기를 할 때 이마 바로 안쪽에 있는 전전두엽에 충격이 가해지고 뇌기능에 장애가 생길 가능성이 커지기 때문이죠. 조심하세요!

다시 이야기로 돌아와서, 인간이 원숭이와 다른 존재이게끔 하는 특징인 언어. 이는 전전두엽 바로 옆에 있는 곳에서 담당합니다. 인간은 말을 하기 시작하면서 원숭이와 다른 존재가 되었어요. 과연 인간은 어떻게 말을 하고 대화를 하게 됐을까요? 인간이 대화를 하고 커뮤니케이션하는 이유는 또 뭘까요? 정보를 전달하기 위해서? 그렇다면 정보를 왜 전달하죠? 이득을 얻기 위해서? 이득이라면 과연 어떤 이득을 말하는 걸까요?

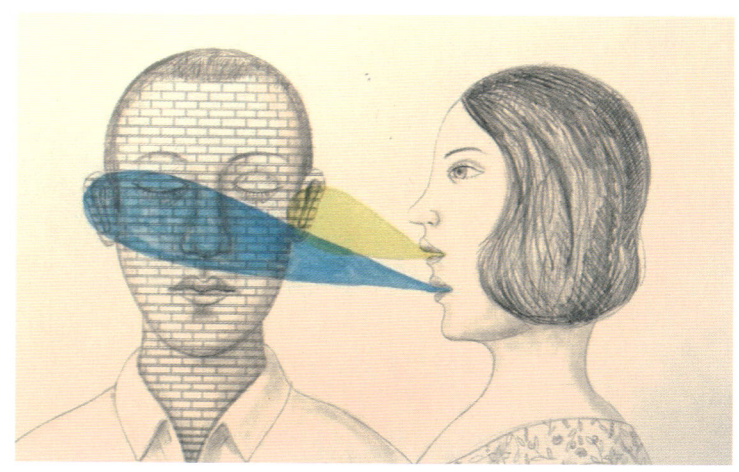

사람들은 왜 듣기보다 말하는 것을 선호하는가

원시시대에 누군가가 "지금 윗동네에 불났대!"라고 말한다면 '아, 윗동네에는 가면 안 되겠구나'라는 판단이 섭니다. 그래야 위험에 처하지 않고 생존할 가능성이 더 높아지니까요. 이렇게 정보를 전달하는 것은 생존과 관련되어 있기 때문에 매우 중요합니다. 따라서 사람들은 말을 만들고 대화를 하며 정보를 전달하고 그 정보를 통해 생존능력을 키워왔습니다.

그런데 가만히 생각해보면 말을 한다는 것은 이해할 수 없는 행위입니다. 왜냐하면 말하는 사람에게 이득이 되지 않는 행동이기 때문입니다. 입 밖으로 나온 정보는 어디로 흘러가나요? 말을 하는 사람에게서 듣는 사람에게도 옮겨가죠. 그렇다면 정보를 말하는 사람보다 듣는 사람이 더 유리할 것입니다. 그런데도 지난 수만 년 동안 인간은 듣는 능력을 발달시키는 대신 말하기 위한 기관 즉, 혀, 입술, 구강 등을 발달시켜 다양한 소리를 내고 언어를 표현하는 능력을 키워왔습니다. 여러분이 생각해도 이상하죠? 듣는 것이야말로 소통의 핵심인데 사람들은 더 잘 들으려고, 정확하게 들으려고 하지 않고 오히려 말하는 것에 집중하여 자신의 입술과 혀, 성대를 발달시켰다는 것이 말입니다. 과연 그 이유는 무엇일까요?

이 문제는 사실 지난 몇 십 년 동안 과학자들이 풀지 못한 질문이었습니다. 그런데 사람들은 서서히 그 답을 알게 되었어요. 바로 거짓말을 하기 위해 언어를 발달시켰다는 것입니다.

사람들이 진실만을 이야기한다면 듣는 사람에게 유익하지만 그렇지 않은 경우가 많기 때문에 말하는 사람이 절대적으로 유리하다는 것이죠. 사람들은 잘 모르는 것도 아는 것처럼 이야기하고 자신이 가보지 않은 곳도 가본 것처럼 꾸며 이야기합니다. 먹어본 적도 없는 것을 먹어봤다고 얘기하며 거짓말을 대화에 끼워 넣죠. 이것은 대화를 통해 말하는 사람이 이익을 얻으려는 행동이었습니다. 이것이 우리가 그동안 거짓말을 해온 이유입니다.

거짓말과 이야기의 효과

여러분들은 부모님께 언제 거짓말을 하나요? 학원에 빠지고 몰래 놀러 가고 싶을 때, 숙제하기 싫을 때, 용돈은 적은데 갖고 싶은 것이 있을 때 등 원하는 것을 얻어내기 위해, 위험으로부터 벗어나기 위해 거짓말을 하지요.

사실 우리가 하는 거짓말은 아주 사소한 것들이 더 많습니다. '우리 집에 좋은 컴퓨터가 있어, 요즘 그 정도는 다 가지고 있지 않나?', '나도 그 책 읽어본 적 있어, 웬만한 교육을 받은 사람이라면 그 정도 책은 읽어봐야지'……. 사람들이 거짓말을 하는 이유는 자신이 좀 더 근사한 사람으로 비춰지길 바라기 때문입니다. 예를 들면 여자친구, 남자친구에게 더 멋지게 보이기 위해서. 진화심리학에서는, 나중에 커서 짝짓기에 더 유리한 고지를 점하기 위해 사람들이 거짓말을 한다고 설명하기 시작했습니다.

거짓말의 핵심은 바로 남들이 경험하지 않은 것을 경험했고, 남들이 갖지 못한 것을 내가 가지고 있을 만큼 경제적으로, 사회적으로 더 윤택하고 안정된 삶을 살고 있다는 것을 과시하기 위한 것입니다. 그런 삶을 누릴 만큼 생물학적으로 우월한 존재이니 나와 결혼하면 매우 행복해질 것이고 2세도 잘 키울 수 있을 거라는 생각을 심어주는 것이죠.

거짓말은 아주 어릴 때부터 배우게 되고 그 시기에 거짓말을 많이 사용함으로써 성장했을 때는 거짓말을 하는 만큼이나 상대가 하는 말이 거짓인지 아닌지를 의심하고 판단하는 능력이 점점 발달합니다. 그리고 결혼 적령기에 이르러 거짓말만 느는 게 아니라 스스로 이야기를 만들어내기까지 합니다.

원시시대에 가장 매력적인 남자가 어떤 남자였는지 아나요? "그저께 사냥을 하다가 호랑이랑 딱 맞닥뜨렸는데 내가 걔를 한 방에 보냈잖아." 하며 호랑이 시체를 끌고 오는 남자. 알고 보면 절벽에서 떨어져 죽은 호랑이인데도 마치 자신이 때려잡은 것처럼 가져와 무용담을 늘어놓는 것이죠. "내가 엄청난 추위 속에서 끼니도 굶어 체력이 다 떨어져 있는 상황이었는데 호랑이를 딱 마주친 거야. 걔가 내 눈을 보더니 고개를 휙 피하더라고. 그때 그냥 한 방에 날려버렸지!"

사람들은 그의 무용담을 들으며 모여들고 부족의 여성들은 '어머, 저 사람 너무 멋있다!'라며 신랑감 후보에 올려놓습니다. 그때 아주 매력적인 여성이 나타나 '우리 호랑이 한 마리 같이 먹을까요?'라며 다가오고 남성은 이 아리따운 여성을 낚아채는 것이죠. 이렇게 이야기는 사람들로 하여금 관심을 받을 수 있게 합니다.

왜 사람들은 그토록 떠들기 좋아하는가?

누군가 독점적인 정보를 가지고 이것을 사람들과 공유하면 남다른 인맥을 갖고 있거나 그 사람과 비슷한 사회경제적 지위를 누리고 있는 사람이라고 판단합니다. '이건 비밀인데……' 하며 이야기를 시작하면 연대의식을 갖게 해주기도 하지요. 그래서 사람들은 끊임없이 이야기를 만들어내고 설령 그것이 진실이 아니더라도 감동을 주기 위해 약간의 거짓말을 보태서 아주 근사한 무용담을 만들어냅니다. 어떤 인물의 안 좋

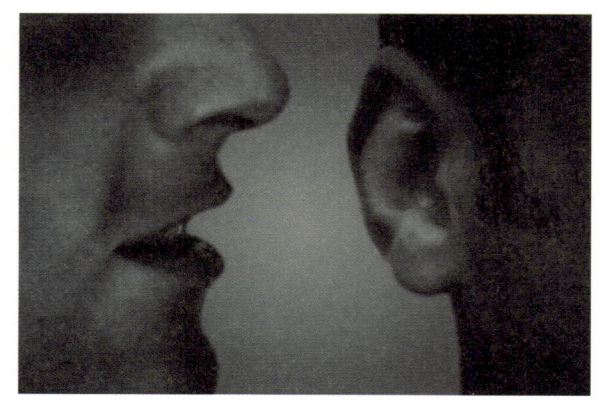

은 애기나 아무나 알 수 없는 특별한 가십을 서로 공유하면서 거짓말을 하고 이야기를 만들어내는 것을 통해 과학자들이 알아낸 것이 있습니다. 그것이 무엇인지 알아보기 전에 친구들과 대화할 때의 상황을 떠올려봅시다.

우리가 대화를 할 때 누군가 좋은 영화를 추천해달라고 하기도 전에 최근에 재미있게 본 영화가 있다면 '내가 며칠 전에 〈늑대소년〉을 봤는데 정말 재미있더라!'라고 말하게 되지 않나요? '그 영화 남자 주인공 너무 멋있더라, 너도 꼭 한번 봐', '○○감독 영화 스릴 있고 재미있었어!' 하며 영화를 추천해주고 싶어서 안달이라도 난 것처럼 말입니다.

영화뿐이 아닙니다. 경치 좋은 곳에 여행을 갔다 온 사람들은 누가 물어보기도 전에 그 지역의 풍경이 얼마나 멋졌는지, 사람들은 얼마나 친절했는지, 맛있는 음식은 얼마나 많았는지 자꾸 이야기해줍니다. '와우, 서울은 왜 이렇게 추워? 지난주에 갔다 온 발리는 엄청 더웠는데.' 발리를 한 번 다녀오고 난 후에는 맥락도 맞지 않는 상황에서 발리 얘기를 꺼냅니다. 한 조사에 따르면 사람들은 이런 방식으로 일주일에 평균 12번 이상 자신이 경험한 이야기를 꺼낸다고 합니다.

이것을 '구전효과word of mouth'라고 합니다. 말하는 사람은 자신이 내뱉은 정보가 얼마나 빨리 퍼지는가를 궁금해 하고 말하는 과정에서 즐거움을 느낍니다. 자신이 본 영화, 사용해본 제품의 브랜드에 대해 설명할 때 사람의 뇌를 촬영해보면 쾌락중추가 활성화 되는 것을 볼 수 있습니다. 정작 귀한 정보를 듣는 사람은 쾌락중추가 활발히 활동하지 않습니다. 사실 말을 하는 건 정보를 주기 위해서가 아니라 자신이 겪은 흥미진진한 이야기, 진짜 해주고 싶은 이야기를 할 때 자신이 멋있어 보인다고 생각하기 때문입니다. 따라서 사람들은 별것 아닌 이야기를 재미있게 얘기하고 그렇게 들은 얘기를 다른 사람에게 다시 흥미롭게 전달함으로써 감동을 받고 영향을 주고받습니다.

역사상 가장 많이 팔린 책이 뭘까요? 바로 『성경』입니다. 그처럼 두꺼운 성경이 왜 사람들이 가장 많이 찾는 책이 되었을까요. 바로 이야기로 쓰였기 때문입니다. 만약 성경이 사실관계와 주요 메시지만 정리해놓았다면 사람들에게 그토록 많은 영향을 미칠 수 있었을까요?

우리는, 정보는 듣고 깨우치고, 이야기는 영향을 받습니다. 그래서 학자들은 'information(정보)은 inform(알리다)을 하고 story(이야기)는 influence(영향)을 미친다'고 합니다. 성경이 이야기로 쓰여 있기 때문에 자신이 살던 땅을 등지고 떠나기도 하고, 종교전쟁을 비롯해 수많은 갈등을 빚기도 하는 것입니다. '이야기'에 '영향'을 받는다는 것입니다.

SNS에 중독되었어!

지구는 태양의 주위를 돌지만 인간은 이야기의 주위를 돕니다. 현대사회는 자신이 알고 있는 것을 드러내기 편한 세상입니다. 스마트폰을 이용한 소셜네트워크서비스^{SNS}, 트위터나 페이스북 등이 활성화되어 있기 때문이죠. '10월의 하늘'이 시작할 수 있었던 것도 트위터 덕분이었고 페이스북을 통해 작업을 진행할 수 있었습니다.

사람들은 스마트폰을 손에서 놓지 않고 끊임없이 SNS를 통해 정보를 얻고 소통합니다. 왜 그토록 SNS에 열광하는 걸까요. 이러한 현상을 크랙베리 신드롬Crackberry syndrome이라고 부르기도 합니다. '블랙베리'라는 대표적인 스마트폰과 마약이라는 뜻의 '크랙'이 합쳐져 만들어진 단어입니다. 스마트폰이 마약처럼 끊기가 힘들다는 의미를 가지고 있죠.

그런데 가만히 생각해보면 SNS에 정보를 입력하는 것은 무시무시한 일입니다. 예를 들어 '우리 가족은 내일부터 하와이에 간다. 일주일 후에 봅시다'라고 글을 써놓는 것은 도둑들에게 빈집 정보를 알려주는 것과 다름이 없습니다. 그래서 요즘 도둑들은 트위터를 죽 훑어보며 계획을 짠다고 합니다. 앞으로도 그런 일은 더 많아지겠죠. 이러한 위험요소가 존재함에도 불구하고 사람들은 왜 자신의 개인정보를 공개하는 걸까요.

예를 들어 하와이의 풍경, 묵었던 멋진 호텔, 근사한 레스토랑의 음식 사진을 찍어 올리면 하와이에 가기 전 꼭 찾아봐야 할 사이트가 되고 다른 사람에게 중요한 정보원으로 인식됩니다. 쉽게 말하자면 여행을 갔다 왔다는 것을 자랑해도 질투와 시기를 받지 않고 오히려 정보 제공자로 받아들여지게 된다는 것입니다. 그러면 친구 맺기 원하는 사람들이 늘고 명예를 얻는 것이죠.

여러분이 커서 자동차를 사려고 합니다. 어떤 차를 살까 고민하다가 먼저 자동차 딜러에게 추천을 받습니다. 딜러는 차가 무척 튼튼하다고 말하며 이 차를 타고 사망한 사람이 지난 3년 동안 1년에 0.7명 즉, 한 명도 죽지 않았다는 통계를 보여줍니다. 1년에 0.7명이면 3년에 2명 정도 사망자가 발생한 만큼 안전하다는 것입니다. 그런데 옆에 있던 친구가 '어머, 우리 아빠 친구분이 이 차 타고 교통사고 당해서 돌아가셨다고 하던데'라고 말합니다. 여러분이라면 이 차를 구매하시겠습니까?

우리는 아주 오랜 기간 동안의 광범위한 통계조사보다 가까운 사람의 경험과 이야기에 더 많은 영향을 받습니다. 흔히 주위 사람의 이야기를 통해 결정을 잘 번복하는 사람을 보고 귀가 얇다고 합니다. 특별하게 어떤 사람이 귀가 얇은 것이 아니라 여러분의 귀를 만져보세요. 귀는 원래 얇습니다. 그만큼 우리는 다른 사람에게 영향을 받으며 살아갑니다.

〈존시스〉와 〈더 모겐슨〉이 보여준 것

『설득의 심리학』이라는 책으로 유명한 로버트 치알디니가 실행한 실험 하나를 소개해볼게요.

한 선생님이 수업을 시작하기 전에 과자를 담은 병을 가져와서 '수업 듣기 전에 과자를 먹고 싶으면 드세요'라고 내놓습니다. 그러면 학생의 1/5 정도만 과자를 먹고 과자 또한 1/5이 줄어든다고 합니다. 다른 교실에서는 선생님과 학생 한 명이 사전에 입을 맞추고 수업을 시작하기 전에 학생이 앞으로 나와 '선생님, 이 과자 좀 먹어도 될까요?'라고 물어봅니다. 그러면 선생님은 '자, 드세요' 하고 뚜껑을 열어주고 학생은 맛있게 과자를 먹으며 자리로 돌아가죠. 그러자 다른 학생들도 웅성거리며 나와 '저도 주세요' 하고 맛있게 먹는다는 것입니다. 누군가 먼저 시작을 하면 다른 사람들도 용기가 생겨 행동으로 옮깁니다.

사람들은 이처럼 다른 사람이 원하는 걸 같이 원하게 되어 있습니다. 우리 뇌에는 미상핵caudate nucleus이라는 사슴뿔처럼 생긴 영역이 있는데 이곳이 활성화되면 마음이 편안해지고 행복감을 느낍니다. 어떤 것이 유행하면 그것을 따라할 때 뇌의 이 영역이 활발하게 움직이면서 좋은 기분을 느끼는 것과 같습니다.

참 이상한 일입니다. 인간은 타인과 구별되는

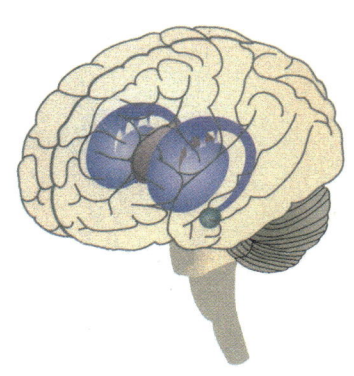

미상핵의 위치와 모양

나만의 정체성을 찾는 것 즉, '나는 누구인가'가 삶의 화두인데 다른 사람을 따라하면서, 그리고 남들이 좋아하는 것을 나도 같이 원하면서 행복을 느끼니 말입니다. 우리는 소속감을 갖는 것, 서로 연대하는 것에도 마찬가지로 행복감을 느낍니다.

〈존시스〉라는 영화가 있습니다. 어느 마을에 한 가족이 이사를 오면서 시작되는 이야기입니다. 이 가족은 사람들을 집에 초대해 자신들이 먹는 음식을 대접하며 '이 빵 맛있지 않아? 저 골목에 있는 첫 번째 빵집에서 산거야'라며 음식을 소개하거나 입고 있는 옷의 브랜드와 장점을 나열하며 칭찬을 합니다. 그러면 그 다음날 사람들은 소개받은 가게에 가서 빵을 사고 옷과 구두를 삽니다. 그런데 알고 보니 이들은 가족이 아니라 비밀 마케터였던 것입니다. 물건을 팔기 위해 마을에 잠입한 영업사원들이었던 것이죠.

스웨덴의 과학자들은 이 이야기에 흥미를 느끼고 실제로 가능한 일인지 실험을 시작합니다. 〈더 모겐슨〉이라는 TV프로그램을 통해서 말입니다. 가족을 꾸려 캘리포니아 어느 마을에 살도록 하면서 이 가족이 브랜드를 얘기하는 것만으로 그 동네의 브랜드 판매율이 늘어나는지 6개월 동안 보여주는 것입니다. 그런데 정말로 사람들이 안 사던 물건을 사기 시작하고, 마트에서 그 물건을 더 많이 먹고, 인터넷에서 그 물건을 주문하기 시작합니다. 사람들은 물건을 구매하는 것에 그치지 않고 다른 사람에게 다시 이야기를 전달합니다.

'이 가방을 사려고 얼마 전에 명동에 갔었잖아. 그때 벌써 사람들이 줄을 쫙 서 있는 거야. 두 시간이나 걸려서 겨우 매장에 들어갔는데 막상 봤더니 너무 비싸서 살 수 없었지 뭐야. 그런데 이번에 홍콩에 놀러

가는데 공항 면세점에서 반값에 팔고 있더라구! 그래서 마침내 사고야 말았어. 어때?'

이 이야기를 들은 다른 사람들은 '저 가방이 그렇게 대단한 건가? 나도 다음에 꼭 사야지'라고 다짐합니다. 이렇게 사람들은 이야기의 영향을 받습니다.

머리 좋은 사람은 이야기꾼이다

우리 곁에는 이야기를 재미있게 하고 무용담을 그럴듯하게 들려주는 친구들이 있습니다. 그 친구의 말만 듣고 영화를 보러 갔는데 재미없는 경우도 있지요. 그런 걸 '낚였다'라고 표현한다죠? 사람을 낚을 만큼의 이야기를 들려주는 친구를 잘 살펴보면 공감능력이 뛰어나다는 것을 알 수 있습니다. 사람들이 좋아할 만한 이야기를 만들려면 공감을 얻어야 하기 때문이죠. 이들은 뇌에 있는 '거울뉴런mirror neuron'이란 것이 굉장히 발달합니다. 내가 겪어보지 않았지만 머릿속에 시뮬레이션을 한 다음 진짜 겪은 것처럼 이야기하는 것이죠. 이야기를 만든다는 것 자체가 굉장히 창의적인 능력이기도 하고요. 따라서 이렇게 이야기를 잘 만드는 사람은 굉장히 매력적입니다. 남자친구가 연애편지를 써주었다고 생각해보세요. 감동적이고 로맨틱한 이야기로 구성되어 있다면 훨씬 더 매력적으로 보일 것입니다. 그래서 사람들은 매순간 이야기를 만들려고 노력합니다.

제가 쓴 『과학콘서트』는 우리나라 과학 책 중 가장 많이 팔린 책입니다. 사실 제 책보다 더 잘 쓴 과학책이 아주 많습니다. 그런데 왜 갓 박사학위를 받은 27살의 청년이 쓴 이 책을 사람들은 그토록 사랑해준 것

■ 거울뉴런
직접 경험하지 않고 보거나 듣고만 있어도 마치 내가 그 일을 직접 하고 있는 것처럼 반응하는 뉴런. 타인의 의도를 파악하고 공감하며 의사소통하는 데 반드시 필요하다.

일까요. 이 책은 우리가 한 번쯤 경험했을 법한 이야기, 한 번쯤 궁금해 했을 이야기로 꾸며져 있습니다. '머피의 법칙'이 뭘까, 매년 크리스마스가 되면 산타할아버지는 지구를 다 도는데 힘들지 않을까 등 누구나 공감할 만한 이야기를 풀어냈기에 누구나 쉽게 읽을 수 있었습니다. 또 하나의 이유는 지식을 전달하는 데 힘쓰는 기존의 과학책과 다르게 이야기가 있는 과학책이기 때문입니다. 지식은 금방 잊어버릴 수 있습니다. 하지만 이야기는 오래 기억되죠.

이제 백과사전에 담긴, 전문적인 식견을 가지고 정갈하게 써놓은 정보가 가치 있는 것이 아니라 나와 관계 있는 사람이 주는 정보가 가치 있는 시대입니다. 지금까지 정보의 가치는 권위에서 나왔지만 이제는 궁금한 것이 있으면 인터넷에서 지식인에게 묻거나 SNS에서 나와 관계 있는 사람들에게 정보를 얻습니다. 인간은 사실 그런 존재입니다. 나와 관계를 맺고 있는 사람이 주는 정보에 훨씬 더 민감한 존재들이죠.

거짓말을 하기 위해 대화한다!

우리는 진실을 이야기하기 위해서 대화하는 게 아니라 거짓말을 하기 위해 대화합니다. 따라서 이야기 도중에 거짓말을 슬쩍 슬쩍 끼워 넣는 것은 너무나도 인간적이고 자연스러운 행동이라고 볼 수 있죠. 하지만 진실을 말해야 하는 순간에 거짓말을 하는 것은 용기가 없는 것입니다. 진실을 이야기하는 사람은 굉장히 용기 있는 사람이고 정의로운 사람입니다.

만약 누군가가 거짓말을 하면 '그래, 인간이라 그렇지'라고 생각하세요. 그리고 누군가 진실을 이야기하고 다른 사람을 위해 바른 이야기를 한다면 '대단한 사람이다. 훌륭한 사람이다'라고 생각해야 해요.

거짓말을 하는 것이 인간 본연의 모습이라면 거짓말을 하고 싶은 욕

망은 어떻게 분출해야 할까요. 재미있는 이야기를 만들어보세요. 소설을 써도 좋고 극본을 써도 좋겠죠. 시나리오를 만들고 가사를 적으세요. 거창하게 문학과 예술의 영역에 들어가지 않더라고 내 삶에서 끊임없이 흥미로운 이야기를 만들어 주변 사람들에게 즐거움을 주세요. 『천일야화』의 세라하자데가 매일 밤마다 이야기를 들려주며 살아남을 수 있었던 것처럼 말입니다!

정재승 | KAIST 바이오및뇌공학과 교수. 복잡한 사회현상의 뒷면에 감춰진 흥미로운 과학 이야기를 담은 『과학콘서트』를 시작으로 『눈먼 시계공』(공저), 『정재승+진중권 크로스』 등의 베스트셀러를 썼다. 대중적 과학 글쓰기를 통해 과학 전도사로 인정받는 젊은 과학자로 '10월의 하늘'을 통해 더 많은 청소년들이 과학에 대해 관심을 갖고 과학자의 길을 걷기를 바라며 이 책을 썼다.

우리는 모두 B(탄생)에서 출발해 D(죽음)로 가는 시간 속에 살
아갑니다. 그 사이에서 모두 C(선택)를 하며 살아가죠. 갈수록
복잡해져가는 사회에서 좋은 선택을 내릴 수 있도록 도와주는
의사결정과학은 더욱 더 중요해질 것입니다.

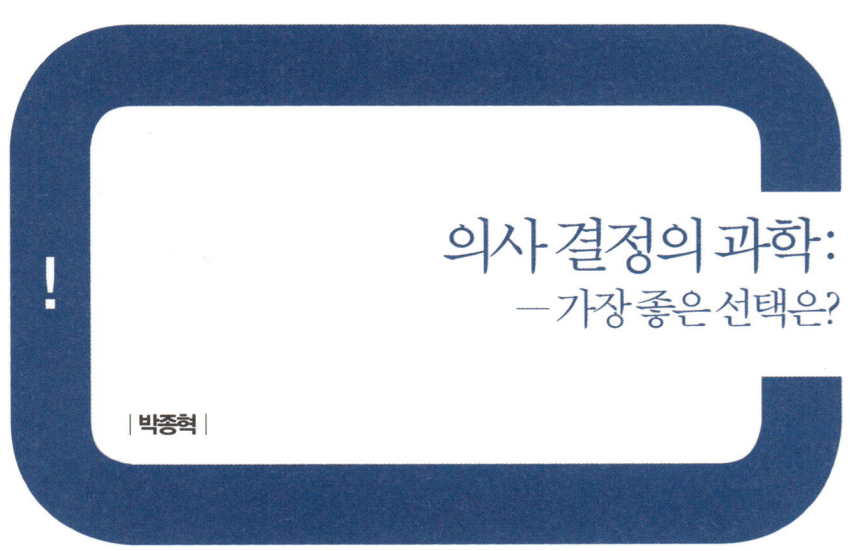

의사 결정의 과학:
— 가장 좋은 선택은?

| 박종혁 |

선택의 연속인 삶

우리는 많은 선택을 하며 살아갑니다. 여러분이 이 글을 보고 있는 것도 방금 전 책을 읽기로 선택했기 때문이지요. 부모님을 선택해서 태어나는 것은 불가능하지만 우리는 죽는 날까지 모든 것을 선택하며 살아갑니다. 그래서 프랑스의 극작가 장폴 사르트르^{Jean-Paul Sartre}는 "우리의 인생은 B와 D 사이에 있는 C"라고 말했습니다. 탄생^{birth}와 죽음^{death} 사이에 선택^{choice}이 있다는 뜻에서요.

선택을 내리는 과정은 참으로 신기합니다. 여러분은 지금 이 순간 책을 읽는 것 대신 더 재미있는 일, 예를 들면 컴퓨터 게임을 하거나 휴대전화로 친구와 메시지를 주고받거나, TV에서 방영하는 재미있는 예능 프로그램을 보는 것 등을 할 수 있었겠지요. 물론 몇몇 친구들은 이 책을 읽는 것이 더 재미있다고 생각하겠지만 대부분은 다른 재미있는 일을 제쳐두고 이 책을 읽고 있을 겁니다. 그렇다면 왜 우리는 더 재미있는 다른 일을 하는 대신 책을 읽는 것을 선택했을까요? 책을 읽는 것이 숙제일 수도 있겠죠. 엄마나 선생님이 꼭 읽으라고 해서 읽는 것일 수도 있습니다. 다양한 이유가 있겠지만 지금 여러분이 책을 읽는 이유는 책을 읽는 것이 다른 일을 하는 것보다 더 낫다고 생각하기 때문입니다. "에이, 게임하는 게 더 좋은데"라고 생각하는 친구들도 있겠죠. 하지만 지금 여러분이 게임을 하지 않는 이유는 책을 읽는 것이 더 가치 있다고 생각하기 때문일 것입니다.

만약 이 책을 읽고 독후감을 쓰는 것이 숙제라면, 지금 당장 게임을 하고 싶어도 게임 하느라 독후감을 쓰지 못해 선생님과 엄마에게 혼나는 것보다 잠시 책을 읽는 것이 낫다고 판단했을 수도 있겠죠. 게임을 하는 것보다 책을 읽는 것이 살아가는 데 더 도움이 될 거라고 느껴서 책을 읽는 것일 수도 있을 겁니다.

맛있는 햄이나 인스턴트 대신 다양한 반찬을 골고루 먹는 이유, 친구와 노는 것이 더 좋지만 학교를 가는 이유, 무단횡단을 해서 집에 빨리 갈 수도 있지만 신호를 지키는 이유 등 여러분들은 느끼지 못할지도 모르지만 우리의 두뇌는 가장 좋다고 생각하는 선택을 합니다.

수학을 이용해 복잡성과 불확실성 줄이기

우리의 선택이 항상 좋은 결과만 가져다주는 것은 아닙니다. 이는 우리가 결정을 내리기 전에 발생하는 일들의 결과를 정확히 예측할 수 없기 때문이지요. 복불복게임을 생각해볼까요? 맛있는 빵일 것이라 생각하고 무언가를 선택하지만 겨자가 들어있는 빵을 고르기도 합니다. 항상 최선의 결과를 가져올 수 있는 선택을 내리지만, 결과는 우리의 예상과

어긋나기도 하는데, 이를 불확실성^{uncertainty}이라 부릅니다.

불확실성이 없다면 우리는 항상 좋은 선택만을 할 수 있을까요? 이것 역시 불가능합니다. 유치원에 다니는 아이가 대학교에서 배우는 수학문제를 풀 수는 없습니다. 아인슈타인이라고 해도 모든 수학문제를 풀 수는 없죠. 주어진 상황이 복잡해진다면 우리는 쉽게 좋은 선택을 내릴 수 없습니다. 아무리 똑똑한 사람이라도 가장 좋은 선택이 무엇인지를 찾을 수 없는 상황은 너무도 많습니다. 이러한 복잡성^{complexity}은 우리가 최선의 선택을 내리지 못하게 합니다.

복잡성과 불확실성이 어딜 가든 존재하는 현실에서 어떻게 좋은 선택을 내릴 수 있는지에 대한 대답을 얻기 위해 사람들은 많은 노력을 했습니다. 기본적으로 우리는 모두 더 나은 선택을 하려 노력해왔기 때문에 인류의 역사 그 자체가 좋은 선택을 하기 위한 연구의 역사라고도 할 수 있습니다. 특히 산업혁명이 일어남에 따라 생산방식이 변화하고 고려해야 할 점이 늘어나면서 우리의 선택을 도와주는 의사결정과학^{Decision Science} 연구가 시작되었습니다.

의사결정과학은 2차 세계대전을 거치며 크게 발전합니다. 독일의 가공할 만한 공격 무기는 유럽대륙을 초토화시키기에 충분했습니다. 특히 공군의 운용 전략과 U-보트라는 이름의 잠수함은 두 달도 되지 않아 프랑스, 벨기에, 네덜란드, 룩셈부르크를 점령하는 데 큰 역할을 하죠. 이러한 상황에서 연합군이 주축을 이룬 영국과 미국은 전쟁의 승리를 위해 특단의 조치를 취합니다. 그것은 바로 독일군에 의한 피해를 줄이기 위해 전쟁을 과학적으로 풀이하려는 방법을 고안한 것이지요.

군사전문가와 과학자들은 군사작전을, 수학을 이용하여 문제를 만들고 해결하며 작전을 진행했습니다. 어느 곳에 레이더를 이용하는 것이 좋은지, 독일군의 U-보트를 격침시키는 전략은 무엇인지, 화물선을 보호하기 위해 군함을 어떻게 배치하면 좋을지 등에 대한 작전을 연구하기 시작한 것이지요. 이때부터 의사결정과학은 군사작전^{operations}을 연구^{research}했다고 하여 오퍼레이션 리서치^{Operations Research: OR}라고 불리기 시작했습니다.

　오퍼레이션 리서치를 이용하여 군사작전을 수행한 결과는 아주 성공적이었습니다. 독일의 무시무시한 잠수함 부대를 물리치고 연합군의 승리를 가져온 것은 어떠한 작전을 수행할지에 대한 선택 문제를 잘 해결한 의사결정과학 덕분이라고 해도 과언이 아닙니다.

　당시 의사결정과학자들은 작전 상황을 수학적으로 모델링하여 문제를 해결했습니다. 수학적 모델링은 우리 눈에 보이는 현상을 수학의 언어로 바꾸는 과정입니다. "민주는 5개의 사과를 가지고 있었습니다. 배가 고파서 몇 개의 사과를 먹고 나니 3개의 사과가 남았습니다. 민주가 먹은 사과는 몇 개일까요?"라는 문제가 있다면 $5-x=3$이라는 수식을 떠올릴 것이고 x는 2라는 답을 얻겠지요. 이처럼 민주가 먹은 사과를 먹은 현상을 $5-x=3$으로 바꾸는 과정이 바로 수학적 모델링입니다.

$$3 \quad + \quad 2 \quad = \quad 5$$

수학적 모델링은 군사작전에 활용해왔던 의사결정과학의 방법들을 다양한 범위로 확대할 수 있게 했습니다. 이와 같은 이유로 2차 세계대전이 끝나고도 의사결정과학은 다양한 분야에 적용되며 발전을 거듭합니다. 특히 기업 경영 부문에 많은 영향을 미쳤는데 기업을 어떻게 하면 효율적으로 운영할 수 있는가, 다시 말해 경영management을 조금 더 과학적으로science 할 수 있는 방법은 무엇인가를 고민하는 데 의사결정과학을 이용했기 때문에 경영과학Management Science: MS라고 불리게 되었습니다.

효율성을 생각하라

의사결정과학의 방법은 현대까지 이르러 많은 발전을 거듭하며 다양한 영역에서 보다 좋은 선택을 하도록 돕는 일을 하고 있습니다. 의사결정과학이 사용하는 수학 기법은 상당히 복잡하기 때문에 여기에서는 간단한 원리와 예제만 소개하겠습니다.

의사결정과학은 가장 좋은 선택을 내리도록 도와주는 과학이라고 이야기했습니다. 그렇다면 수학적으로 가장 좋은 선택은 어떻게 표현할 수 있을까요? 여기서 등장하는 개념이 바로 효율성이라는 기준입니다. 예를 들어보죠. 선재와 송이는 시험에서 모두 100점을 받았습니다. 그런데 선재는 시험공부를 5시간 했고, 송이는 3시간만 했지요. 누가 더 나은가요? 조금 준비하고도 똑같은 성적을 얻은 송이가 더 낫겠죠.

우리는 선택에 따라 다양한 결과를 얻습니다. 더 좋은 결과를 얻는 것이 우리의 목표이긴 하지만 동시에 시간과 노력을 덜 들이고도 좋은 결과를 얻어야 좋은 선택이라고 할 수 있습니다. 같은 결과를 얻었다면 더 적은 노력을 기울인 편이, 동일한 노력을 했다면 더 많은 성과를 거둔 것이 우리가 생각하는 좋은 선택입니다. 노력과 결과를 바탕으로 우리의 선택을 평가하는 것이 바로 효율성이라는 기준입니다.

$$효율성 = \frac{노력}{결과}$$

효율성은 얻어진 결과를 노력으로 나누어 계산합니다. 선재는 5시간을 준비하여 100점을 받았으니 효율성이 20, 송이는 3시간을 준비하여 100점을 받았으니 효율성이 33.3이라고 볼 수 있지요. 효율성이 높은 송이가 더 나은 선택을 했다고 말할 수 있습니다. 이렇게 효율성이라는 기준을 이용하면 우리는 조금 더 나은 선택을 내릴 수 있습니다.

배낭을 어떻게 꾸릴 것인가?

■ 배낭문제
용량이 정해진 배낭과 여러 개의 물건들이 주어졌을 때 용량을 초과하지 않으면서 효율이 최대가 되도록 배낭에 집어넣을 물건을 결정하는 문제

다음으로는 배낭문제Knapsack Problem■라고 불리는, 의사결정과학에서 널리 이용되는 문제를 통해 효율성을 기준으로 선택하는 상황을 살펴보도록 하지요.

연수가 여행을 떠나려고 합니다. 가방 안에는 어떤 것을 넣는 것이 가장 만족할 수 있는 선택이 될까요? 연수가 가방에 넣을 수 있는 양은 제한되어 있습니다.

우리가 의사결정 문제를 만났을 때 가장 먼저 고려해야 하는 것은 다음이 아니라 어떠한 결과를 얻는 것이 가장 좋은지에 대한 판단입니다. 즉, 의사결정 문제의 목표가 무엇인지를 찾는 과정입니다. 여기에서는 가장 만족하는 것이 목적objective입니다. 여행에서 필요할지 안 할지는 모르겠지만 모든 물건을 챙긴다면 우리는 큰 만족을 누릴 수 있을 것입니다.

그런데 여기에서 단서가 있지요. 연수가 가져갈 수 있는 양은 제한되어 있다는 사실입니다. 모든 물건을 가져가면 가장 큰 만족을 누릴 수

있겠지만 모든 짐을 지고 다닌다면 여행은 결코 즐겁지 않을 거예요.

우리의 선택이 어려운 이유는 바로 이러한 제약constraint 때문입니다. 주어진 제약, 제한된 상황에서 가장 큰 만족을 느낄 수 있는 선택decision 을 찾는 것, 그것이 우리가 해결해야 하는 의사결정 문제입니다.

> **목적** : 여행에서 큰 만족을 느끼자.
> **제약** : 가방에 들어갈 수 있는 물건은 제한되어 있다.
> **선택** : 어떠한 물건을 골라야 할까?

이 문제를 조금 더 자세히 살펴보겠습니다.

> 연수가 들 수 있는 최대 무게는 10kg입니다.
> 가방에는 같은 물건은 한 개씩밖에 넣을 수 없습니다.
>
> | | 구급약 | 식량 | 게임기 | 카메라 | 휴대전화 |
> |---|---|---|---|---|---|
> | 무게 (kg) | 3 | 8 | 3 | 4 | 2 |
> | 가치 | 5 | 8 | 3 | 3 | 1 |

위의 문제에서 제약으로 나타난 부분이 추가 되었네요. 무게는 10kg까지, 같은 물건은 한 개밖에 넣을 수 없다는 조건이 추가되었습니다. 넣을 수 있는 물건에 대한 정보도 주어졌습니다. 위에서 말했던 효율성의 관점에서 이 상황을 살펴보도록 하죠.

넣을 수 있는 물건의 무게는 우리가 애쓰는 노력의 양이라고 볼 수 있습니다. 또 물건을 넣었을 때 우리가 느끼는 가치는 결과라고 볼 수 있겠지요. 그렇다면 각 물건의 효율성은 어떻게 계산할 수 있을까요? 각 물건이 가지는 가치를 물건의 무게로 나누어주면 될 거예요. 계산을 해보면 다음과 같습니다.

	구급약	식량	게임기	카메라	휴대전화
무게 (kg)	3	8	3	4	2
가치	5	8	3	3	1
효율	1.67	1	1	0.75	0.5

다음에는 효율성을 기준으로 선택하면 됩니다. 효율성이 가장 높은 물건은 구급약이므로 구급약을 먼저 선택합니다. 10kg 중에서 구급약을 택하니 7kg의 빈 공간이 남습니다. 다음으로 효율성이 높은 물건을 보니 식량과 게임기가 있네요. 그런데 지금 가방에는 7kg밖에 들어가지 못하니 식량은 들어갈 수 없을 것 같습니다. 대신 동일한 효율성을 가지는 게임기를 집어넣습니다. 7kg 공간 중에서 게임기 3kg을 넣으니 이젠 4kg의 공간이 남았습니다. 다음으로 효율성이 높은 물건은 카메라입니다. 카메라를 선택하니 가방에는 더 이상 들어갈 공간이 남지 않았네요. 효율성의 기준으로 선택을 해보니 구급약, 게임기, 카메라를 선택하여 11이라는 가치를 얻습니다. 이것보다 더 좋은 선택이 있을까요? 여러분들이 고민해보면 알겠지만 이보다 더 좋은 선택은 없습니다. 주어진 제약에서 목적을 가장 잘 달성하는 선택을 찾아냈습니다. 이러한 가장 좋은 선택을 찾아가는 과정을 우리는 최적화optimization, 최적화를 통해서 얻어진 가장 좋은 선택을 최적해optimal solution라고 부릅니다.

우리가 만나게 되는 문제는 그보다 훨씬 복잡해!

효율성을 이용하여 최적화를 진행한다 해도 항상 최적해를 찾을 수 있는 것은 아닙니다. 다음의 문제를 살펴보겠습니다.

	구급약	식량	게임기	카메라	휴대전화
무게 (kg)	3	8	3	4	2
가치	5	10	3	3	2
효율	1.67	1.25	1	0.75	1

여기서는 물건의 가치값을 조금 바꿔보았습니다. 더 중요한 물건이라 생각되는 것에 가치를 좀 더 주는 것이죠. 아까 문제와는 달리 가치가 높은 것을 우선적으로 가방에 넣어보겠습니다.

가장 가치가 높은 식량을 선택하니 나머지 공간에 휴대전화가 들어갑니다. 이렇게 식량과 휴대전화를 선택하는 경우, 우리가 가진 제약(가방 크기: 10kg)을 만족하는 동시에 얻어지는 가치는 12가 되죠. 효율성을 기준으로 구급약, 게임기, 카메라를 선택하는 것보다 더 나은 결과를 보여줍니다.

이처럼 효율성을 이용하여 최선의 선택을 찾아가는 과정은 상당히 좋은 방법이긴 해도 가장 좋은 선택, 즉 최적해를 찾아주지는 못하는 경우가 발생합니다. 우리가 여기에서 풀어본 문제는 비교적 간단하여 눈으로도 최적해를 찾을 수 있지만 더 복잡한 경우 가장 좋은 선택을 찾는 것은 불가능에 가깝습니다. 그래서 의사결정과학자들이 고안해낸 방법은 우리가 풀어야 하는 문제를 수학적 모델링을 통해 컴퓨터와 함께 해결하도록 한 것입니다. 두 번째 문제를 수학적으로 모델링한 결과는 다음 페이지에 정리해놓았습니다. 너무 수식이 복잡하다면 내용은 가볍게 훑어보고 가도 좋아요.

여기에서는 선택할 수 있는 물건이 5개에 불과했지만 실제로는 더 많은 것들을 고민해볼 수 있습니다. 실제로 금융시장의 투자 포트폴리오는 여러분이 배낭에 무엇을 넣을지 고민했던 것과 동일한 형태의 문제입니다. 어떤 회사의 주식, 채권을 구매하는 것이 좋은지, 돈을 미국 달

목적 : Max 5 X1 + 10 X2 + 3 X3 + 3 X4 + 2 X5

제약 : S.T. 3 X1 + 8 X2 + 3 X3 + 4 X4 + 2 X5 ≦10

Binary X1 X2 X3 X4 X5

– X1, X2, X3, X4, X5는 각각 구급약, 식량, 게임기, 카메라, 휴대전화를 샀는지 안 샀는지를 나타내주는 변수로, 0 또는 1의 값을 가질 수 있습니다. 이를 이진 변수(binary variable)라고 부르고 모델링된 결과에 나타납니다.

– 이 문제의 목적은 가장 큰 가치를 가져다주는 선택을 찾는 데 있습니다. 첫 줄, Max라 적힌 부분은 가치를 최대화하라는 명령어입니다. 각각의 제품이 가져다주는 가치와 제품을 선택했는지를 나타내는 변수의 곱의 합을 구하면 선택으로 얻어지는 총 가치를 계산할 수 있습니다.

– 무게는 10kg를 넘을 수 없다는 조건을 두 번째 줄에 적었습니다. 각 제품을 선택했는지 여부를 나타내는 변수와 각 제품의 무게를 곱한 값의 합을 구하여 선택한 제품으로 구성되는 무게를 계산합니다. 이 값은 10보다 작거나 같아야 합니다.

러, 일본 엔화, 유로화 중 어떤 것으로 보유하고 있는 것이 좋을지 등 투자 포트폴리오라는 가상의 가방에 주식을 넣을지, 채권을 넣을지 등을 고민하는 상황이 주어집니다. 이때는 들어갈 수 있는 물건이 엄청 많기 때문에 우리의 생각으로 최적해를 찾는 것이 불가능하고, 대신 상자에서 보았던 것처럼 수학적 모델링 과정을 거쳐 컴퓨터와 함께 문제를 해결한답니다.

이 책에서는 배낭문제만을 소개했지만 의사결정과학에서 다루는 문제들은 상당히 많습니다. 방문할 도시가 있을 때 각 도시별로 한 번씩 방문하는 가장 짧은 경로를 찾는 외판원 문제, 물건이 공급되는 장소와 사용되는 장소간의 배송량과 방법을 결정하는 할당문제, 인터넷과 같은 통신 네트워크의 효율적 운영을 위한 네트워크 최적화문제, 기다리는 사람을 최소화 할 수 있도록 방법을 만드는 대기행렬문제 등 우리의 생활 가운데 중요한 선택이 필요한 곳에는 의사결정과학이 우리의 선택을 도와주고 있습니다.

우리는 모두 B(탄생)에서 출발해서 D(죽음)로 가는 시간 속에서 살아갑니다. 그 사이에서 모두 C(선택)를 하며 살아갑니다. 갈수록 복잡해져가는 사회에서 좋은 선택을 내릴 수 있도록 도와주는 의사결정과학은 더욱 더 중요해질 것입니다. 이 기회를 통해 여러분들이 의사결정과학자가 되는 C(선택)를 해서 사람들로 하여금 가장 좋은 선택을 내리도록 도와주면 어떨까요?

박종혁 | 데이터 과학자. 산업공학을 공부하다 데이터 분석의 매력에 빠져 다양한 분야에 대한 연구를 진행하고 있다. 현재 고려대학교 산업경영공학부 시간강사로 있다.

오늘날의 과학자들은 조금 더 좋은 치료방법을 찾기 위해 연구함으로써 정상조직은 최대한 피해를 주지 않고 암 조직에만 방사선의 에너지를 전달할 수 있게 하는 기술과 기계들을 많이 발명했습니다. 이로써 안전하고 정확한 방사선 치료로 발전하고 있죠.

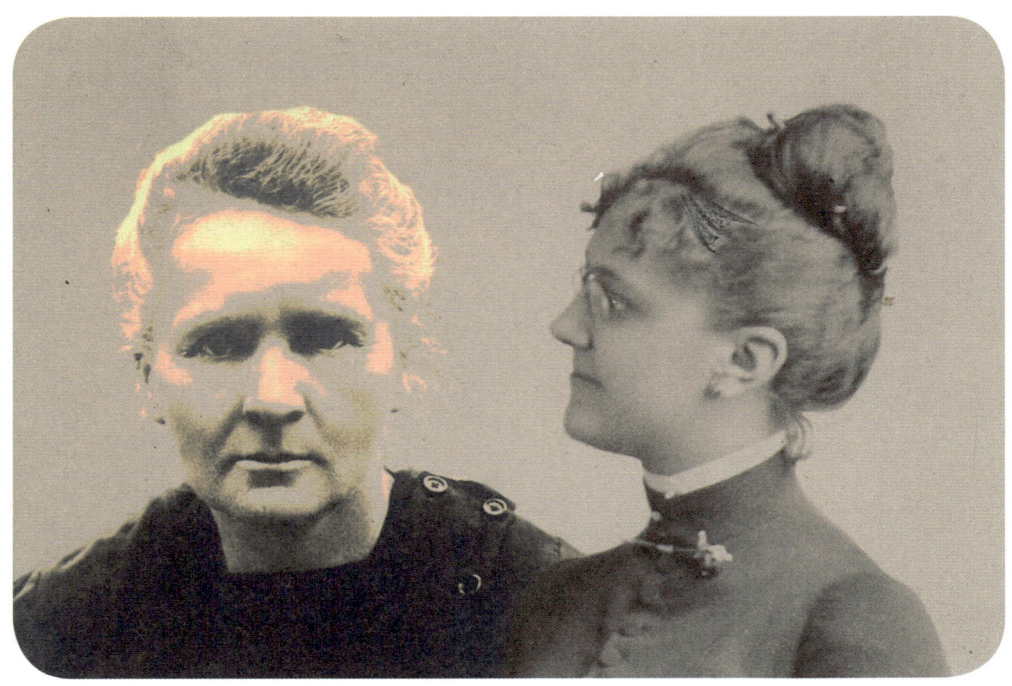

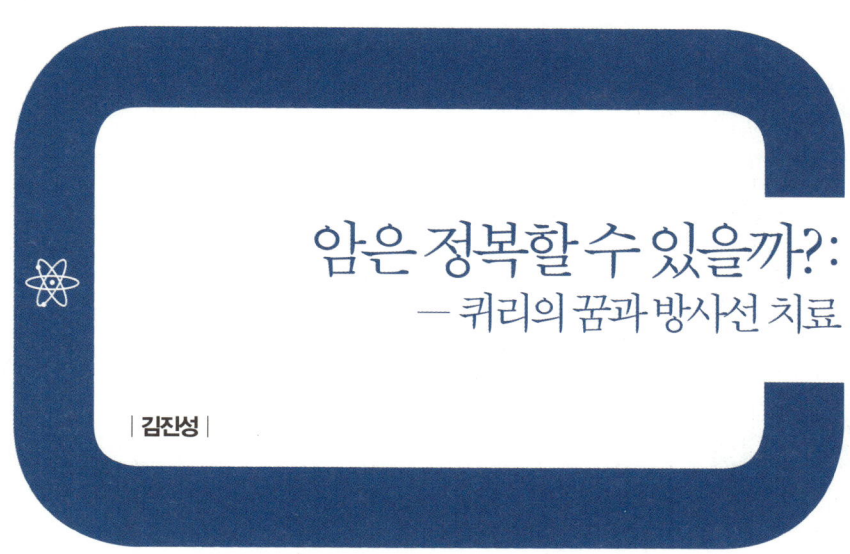

암은 정복할 수 있을까?:
─ 퀴리의 꿈과 방사선 치료

| 김진성 |

노벨상에 관한 세 가지 질문

'과학자' 하면 가장 먼저 떠오르는 것 중 하나가 노벨상입니다. 매년 누가 노벨상을 탈지, 우리나라 과학자 중 누가 최초의 노벨상 수상자가 될 것인지 많은 사람들의 관심이 집중됩니다. 그렇다면 여러분은 노벨상에 대해서 얼마나 알고 있나요? 여기서는 노벨상에 관한 세 가지만 짚어보겠습니다.

첫째, 노벨상이란 무엇인가. 노벨상은 다이너마이트로 유명한 스웨덴의 화학자 알프레드 노벨의 유언으로 시작되었습니다. 자신의 재산으로 기금을 만들고 거기에서 매년 발생하는 이자를, 지난해 인류에게 가장 큰 유익을 가져다준 사람에게 상금으로 수여하는 방식이죠. 노벨상을 수여하는 부문은 물리학, 화학, 생리학·의학, 문학, 평화 분야입니다. 1901년부터 시작돼 2012년까지 총 863명에게 수여했습니다. 우리나라의 경우 김대

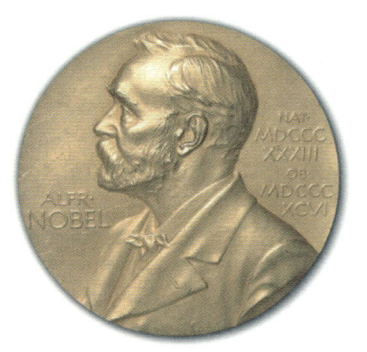

알프레드 노벨과 매년 수상되는 노벨상의 메달

중 전 대통령이 노벨평화상을 수상한 바 있습니다.

둘째, 노벨상의 상금은 얼마일까요? 내심 여러분들 모두 궁금해 하는 질문이죠. 노벨상 상금은 기금의 총 운영 이자를 부문별로 나눠 지급하는 방식이기 때문에 매년 조금씩 달라집니다. 2011년에는 상금이 1,000만 스웨덴 크로나(약 16억 원 정도)였다고 합니다. 물론 여러 사람이 수상하는 경우에는 상금이 줄어들겠죠. 상금의 액수를 떠나 1년마다 인류에게 큰 유익을 준 사람으로 선정되어 받는 상이기 때문에 이보다 명예로운 상은 없지 않을까 합니다.

셋째, 최초의 노벨 물리학상을 받은 사람은 누구일까요? 무엇이든 '최초'라는 타이틀이 붙으면 그 의미가 더욱 커집니다. 최초로 노벨 물리학상을 받은 과학자, 상대성이론의 아인슈타인일까요? 아닙니다. 바로 독일의 실험 물리학자였던 빌헬름 콘라드 뢴트겐^{Wilhelm Conrad Röntgen}입니다. 누구라도 한 번쯤은 들어봤을 'X선 ■'을 최초로 발견한 과학자입니다. X선이 발견되면서 물질의 구조에 대한 과학적 지식이 축적되기 시작하였고 이에 기여한 업적을 기리며 뢴트겐은 제1회 노벨 물리학상을 수상합니다.

■X선
파장이 매우 짧은 전자기파. 피부는 투과하나 인체의 뼈는 투과하지 못하기 때문에 의학적 진단이나 건축 구조물의 비파괴 검사에 유용하게 사용된다.

X선의 발견

뢴트겐은 기체의 방전 현상을 연구하던 도중 방전관 옆에 검은 종이로 덮어놓았던 사진 건판이 색깔이 변하여 감광된 것을 발견합니다. 이를 통해 새로운 방사선이 존재할 것이라 추측하였고, 정확히 확인하기 위해 실험을 반복한 결과 방전관에서 가속된 전자가 유리관 벽과 충돌해

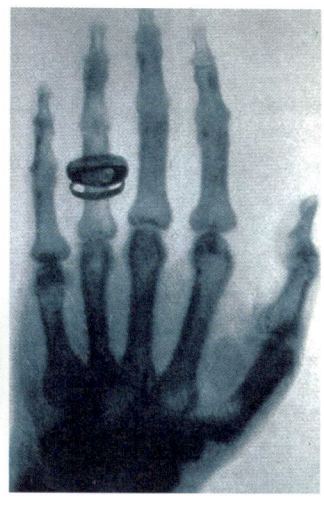

빌헬름 콘라드 뢴트겐과 그가 최
초로 촬영한 아내의 반지낀 손의
X선 영상

서 방출되는, 투과력이 강한 정체불명의 방사선을 발견했습니다. 이를
'알 수 없는 유형의 방사선'이라는 의미로 'X선'이라고 불렀죠.

  X선은 투과력이 강해서 물체의 내부 모습을 볼 수 있는 특징이 있었
습니다. 이를 실험하기 위해 뢴트겐은 반지를 낀 아내의 손을 X선으로
찍었는데 이 사진은 의료 영상계에 가장 유명한 사진 중 하나가 되었습
니다.

  뢴트겐이 발견한 X선은 많은 과학자들에게 궁금증을 일으켰고, 그의
뒤를 이어 유사한 연구가 활발해졌습니다. 그 가운데 의학계 역사적인
인물이 된 여성과학자, 마리 퀴리^{Marie Curie}가 있었습니다.

폴로늄과 라듐, 그리고 두 번의 노벨상

폴란드에서 태어난 마리 퀴리는 어려운 환경에서 태어났지만, 공부하는
것을 포기하지 않았고 본인이 가진 호기심을 해결하기 위해 끊임없이
노력하는 인물이었습니다. 어렵게 학업을 이어가던 중 뢴트겐의 X선 발

강력한 방사성 원소의
하나. 우라늄 광석에 들
어 있는 회백색 금속으
로, 원자력 전지 등에
쓰인다.

■ 라듐
우라늄 광석에서 발견
된 최초의 방사성 원소.
의료용·공업용 방사선
사진법, 발광도료 등에
사용된다.

견에 이어 강력한 방사능을 방출하는 새로운 원소, '폴로늄■'과 '라듐■'을 1898년에 발견했죠. 폴로늄은 퀴리의 고국인 폴란드의 이름을 따서 지은 것이고 라듐은 그리스어로 빛살^{Ray}을 뜻하는 'Radius'에서 따와 라듐^{Radium}이라고 이름을 붙였습니다.

라듐은 순수한 원소 형태로 얻은 것이 아니었고, 원소들의 성질도 잘 측정되지 않아 퀴리 부인은 의과대학에서 해부실로 사용하던 낡은 헛간을 실험실로 삼아 무려 8톤이라는 어마어마한 양의 우라늄 폐광석을 사용해 수천 번의 분리, 정제 과정을 거쳐 드디어 1902년 0.1g의 라듐을 분리하는 데 성공합니다.

퀴리는 최초의 방사성 원소 폴로늄과 라듐을 발견하여 1903년 노벨 물리학상을 남편과 공동으로 수상한 데 이어 1911년에는 순수 라듐을 분리해낸 공로로 노벨 화학상을 수상하기도 했습니다. 그리하여 노벨상을 받은 최초의 여성인 동시에 과학의 두 분야(물리, 화학)에서 노벨상을 받은 유일한 사람이 되었죠. 후에는 1935년 자신의 딸과 사위도 노벨 화학상을 받습니다. 퀴리는 이러한 진기한 기록을 가지고 있는, 현대 과학에서 빼놓을 수 없는 중요한 인물이라 할 수 있습니다.

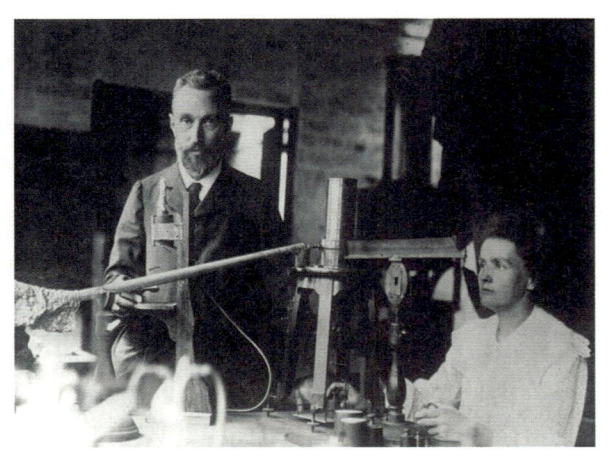
연구실에서의 피에르 퀴리와 마리 퀴리

노벨 화학상을 수상한 뒤 퀴리는 1914년 라듐 연구소를 엽니다. 하지만 1차 세계대전이 발발하면서 연구를 제대로 진행할 수 없었습니다. 연구자들은 군에 소집되었고 자신도 X선 투시 장치를 장착한 구급차를 마련해 전쟁터에서 다친 군인들을 치료하느라 여념이 없었죠. 전쟁이 끝난 뒤 퀴리는 본인의 연구소에서 연구 결과를 내기 위해 노력하는데 무엇보다도 연구비용이 문제였습니다. 라듐에 대해 특허를 내면 해결할 수 있는 일이었지만 퀴리는 이 문제에 대해 다음과 같이 이야기했다고 합니다.

> 진정한 물리학자라면 연구결과를 숨겨서는 안돼요. 어쩌다 발견하게 된 게 상업적으로 가치가 있다고 해도 그건 순전히 우연일 뿐이고 더구나 라듐 같은 경우는 아픈 사람을 치료하는 데 쓰일 텐데 아무리 돈을 많이 준다고 해도 상업적으로 이용할 수 없어요.

이렇게 순수하게 자신이 발견한 라듐을 이용해 암 치료에 온삶을 바친 퀴리는 1934년 7월 세상을 떠납니다. 우리가 알고 있는 가장 유명한 과학자 중 한 명인 아인슈타인은 그녀를 '유명한 사람들 중 명예 때문에 순수함을 잃어버리지 않은 유일한 사람'이라고 표현했습니다. 그만큼 그녀의 순수하고 열정적인 삶은 많은 주변의 사람들, 인류에게 영향을 미쳐왔습니다.

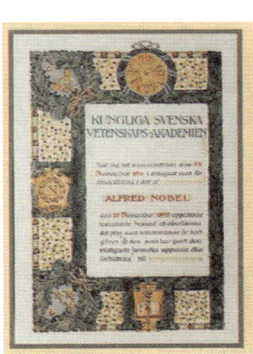

퀴리 부인이 1911년 수상한 노벨 화학상

라듐, 위대하거나 위험하거나

라듐은 방사선을 내는 원소입니다. 방사선^{Radiation}이라는 것은 눈에는 보이지 않지만 에너지를 전달하는 입자나 파동의 흐름을 이야기합니다. 보이지는 않지만 떨어진 공간으로 에너지를 전달할 수 있는 원소의 특징을 어디에 활용할 수 있을까 고민하던 퀴리는 자신의 몸에 실험하여 방사선을 질병, 특히 암 치료에 이용할 수 있다고 여기고, 이를 실제로 활용하여 환자 치료에 사용하기 시작했습니다. 이것이 현재 많은 암환자들이 받고 있는 방사선 치료의 시작입니다.

라듐은 초기에는 암 치료 등 의학용으로 매우 긴요하게 사용되었으며 지금도 사용되고 있습니다. 그러나 라듐을 맹목적으로 활용한 나머지 치약, 미용 크림 등에 라듐을 첨가하여 사용하기도 했습니다. 후에 라듐이 건강에 좋지 않은 영향을 미친다는 것이 알려지면서 곧 금지가 되었죠. 지금은 라듐이 잠수용 시계의 야광 페인트에 사용되고 있는 정도입니다.

라듐의 활용에 대해 퀴리의 남편인 피에르 퀴리Pierre Curie가 노벨상 수상 기념 연설에서 언급한 내용은 새겨들을 만합니다.

> 라듐은 범죄자들의 손에 들어가면 위험한 물질이 될 수 있습니다. 그래서 우리는 오늘 바로 이 자리에서 스스로에게 물어보아야 합니다. 자연의 비밀을 캐는 것이 인류에게 얼마나 도움이 될까, 그 비밀을 안다고 하더라도 제대로 활용할 수 있을 만큼 인류는 성숙한가, 아니면 오히려 해로운 지식을 갖게 되는 것은 아닌가?

퀴리 부부가 발견한 이 방사선은 인류의 역사에 있어서 큰 비밀과 같은 지식이었고, 이러한 지식을 조심스럽게 활용하는 것은 오늘날의 우리에게도 중요한 일입니다.

암 잡는 방사선 치료

지금은 몸이 아프면 쉽게 CT(전산화 단층 촬영장치), MRI(자기공명영상장치) 등을 사용해서 인체 내부의 모습을 쉽게 영상으로 확인할 수 있습니다. 더불어 마취와 여러 수술기법, 항암제, 방사선 치료법들이 발달해서 암 치료의 성공률이 높아지긴 했지만 퀴리가 노벨상을 수상했던 1900년대 초기에는 암을 어떻게 치료해야 하는지 정확하게 알 수 없었습니다.

사실 방사선 치료의 기본적인 원리는 보이지 않지만 '에너지를 전달'하는 방사선이 세포의 분열과 증식에 필수적인 DNA의 결합을 파괴해 세포를 죽이는 것입니다. 특히 세포분열이 빠른 암세포의 DNA는 방사선을 받으면 손상이 잘 되어 죽고, 반면 정상조직의 세포는 빠르게 회복하기 때문에 방사선 치료 효과를 얻을 수 있는 것이죠.

이러한 기초적인 원리를 퀴리가 완전히 이해했던 것은 아니었지만, 라듐을 암 치료에 활용할 수 있다는 확신을 갖고 연구한 끝에 인류의 질병 치료에 많은 영향을 미쳤습니다.

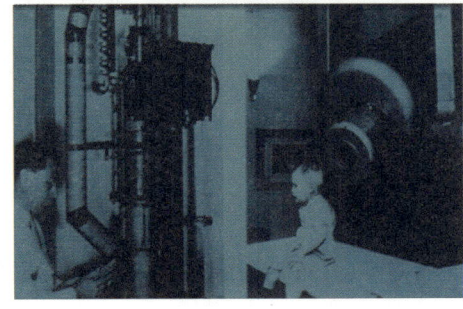

(위) 최초의 자신의 몸에 라듐을 올려두고 실험을 했던 피에르 퀴리
(아래) 1970년에 스탠포드 대학교에 설치된 대형 선형가속기로 아기의 암을 치료하는 사진

현재 암의 치료는 주로 3가지 방법으로 이루어집니다. 직접 암 조직을 떼어내는 수술이 있고, 약을 통해 암이 자라지 못하게 하는 항암제 치료가 있으며, 보이지는 않지만 암 조직에 에너지를 전달해 암의 번식을 막는 방사선 치료입니다.

수술과 항암치료는 환자에게 마취를 하거나 강한 약 성분으로 인해 고통을 주기도 하지만, 방사선 치료는 아무런 느낌도 없이 치료되는 특별한 치료방법이라고 할 수 있습니다. 많은 병원에서 암센터를 개원할 때 가장 중요한 치료방법으로 내세우는 것 중 하나가 방사선 치료이기도 합니다. 이렇게 오늘날 중요하게 쓰이는 치료방법의 원리를 퀴리 부인이 제안했고, 그 이후 많은 과학자들의 헌신을 통해 다양한 방사선 치

■ 다양한 방사선 치료기기와 방법

최근에 사용되는 방사선치료기기로는 감마나이프, 선형가속기, 사이버나이프, 토모치료기 등이 있다. 이 기기들은 기본적으로 퀴리 부인이 제안했던 방사선을 이용하여 암을 치료하는 원리를 적용하고 있다. 최대 100억여 원의 고가 장비다.

료기기와 방법[*]들이 제시되면서 많은 환자들에게 좋은 치료 결과를 가져다주고 있습니다.

퀴리 부인이 제안했던 라듐 요법은 1900년대 중반까지는 주로 방사선을 이용한 치료방법이었지만 후세의 과학자들은 비싸고, 자연적으로 존재하는 라듐을 얻기 힘든 문제

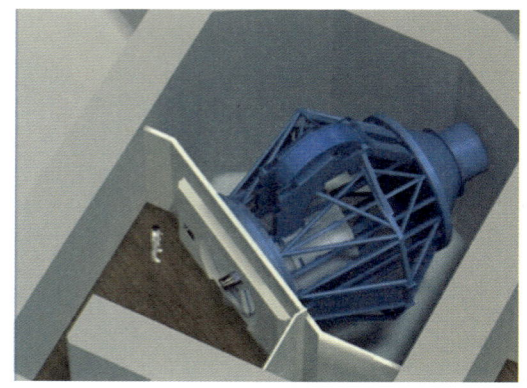

기존의 X선 치료기와를 달리 커다란 건물과 치료기가 필요한 양성자 가속기, 치료실의 사람의 크기를 보면 실제 치료기의 규모를 상상할 수 있다

점을 극복하고자 원자로에서 만들 수 있는 인공 방사선 동위원소 코발트(Co)[*]나 세슘(Cs)[*] 등을 생산하기 시작했습니다. 이로 인해 비싼 라듐을 대체할 수 있었습니다.

또한 동위원소만을 가지고 치료하는 것이 아니라 다양한 에너지의 X선과 전자선을 발생하는 의학용 선형 가속기를 발명해 이후에는 굉장히 빠른 속도로 방사선 치료가 발전하고 있습니다.

다양한 방사선원이 암 조직에 영향을 미치는 방법

X선 기술을 활용하여 인체 내부를 볼 수 있게 고안된 CT나 MRI를 이용한 최첨단의 치료기술도 가능하게 되었습니다. 재미난 것은 CT를 발명한 사람도 노벨 의학상을 받은 물리학자이고, MRI 영상장치를 개발하여 노벨 의학상을 받은 사람도 물리학자와 화학자[*]였다는 사실입니다.

최근에는 기존의 X선이나 전자선 외에도 중입자(양성자, 탄소입자 등)를 가속시키는 가속기를 활용해 암 치료를 보다 정확하고 안전하게 하는 기술도 보급되고 있습니다. 이렇게 다양한 방사선원들이 사용되는 이유는 이들의 특징이 독특하기 때문입니다.

■ 코발트

쇠보다 무겁고 단단한 회백색의 금속. 강한 자성이 있으며, 석유 합성의 촉매·유리 착색의 도료·도금 원료·강철 합금 등에 쓴다.

■ 세슘

핵분열 시 발생하는 방사성 동위원소. 의료용 방사선으로 사용되나 인체 내의 칼륨을 대체하는 성질이 있어 위험성이 높다.

■ 노벨 의학상을 받은 물리학자와 화학자

1979년 노벨 의학상: 앨런 코맥, 고드프리 하운스필드

2003년 노벨 의학상: 피터 맨스필드, 폴 라우터버

아래 그래프는 각각의 다른 방사선들이 깊이 들어갈수록 전달하는 에너지의 양을 비교할 수 있는 그래프인데 파란색 선이 가장 많이 사용되고 있는 X선입니다. X선은 물리적으로 표면에서 많은 에너지를 전달하지만 깊이 들어갈수록 전달하는 에너지의 양이 줄어드는 것을 볼 수 있죠. 또한 전자선Electron의 경우에는 가지고 있는 에너지에 따라 다르지만 표면에서 많은 에너지를 전달하고 사라지는 특징이 있습니다. 그러나 X선과 전자선보다 무게가 무거운 양성자선은 가지고 있는 에너지에 따라 특정 깊이에 들어가서 100%의 에너지를 전달하고 사라집니다.

만약 몸속 20cm 깊이에 해당하는 부분에 암 조직이 존재한다고 할 때 X선은 암 조직에 100%의 에너지를 전달하기 위해 5cm 앞부분에 250% 이상의 높은 에너지를 전달하지만 양성자선의 경우에는 앞부분에 50%

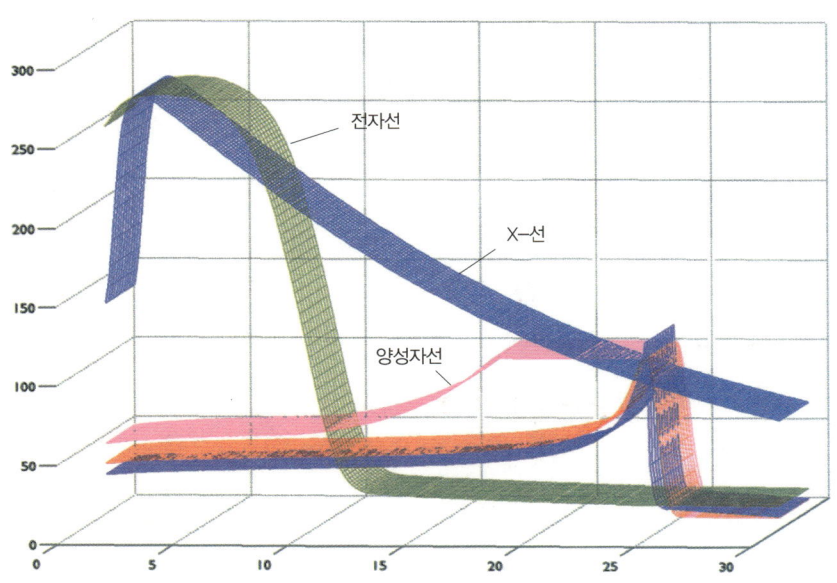

다양한 방사선원 X선, 전자선, 양성자선(Proton) 의 에너지 분포도.
깊이 들어갈수록 전달되는 에너지의 양을 비교하여 평가할 수 있다.

양성자가 몸에 투과될
때 암조직에 도달할
무렵 에너지가 절정에
달해 암조직에 집중적
으로 많은 에너지를
흡수시키는 현상.

정도의 에너지만 전달합니다. 만약 암 조직이 아닌 정상조직이 5cm 주변에 있다면 고에너지가 전달되어 부작용이 일어날 수 있겠죠. 이러한 특징은 양성자선이 브래그 피크^{Bragg peak} ■라는 특징을 가지고 있기 때문입니다. 이 현상은 1915년에 노벨상을 수상한 윌리엄 브래그^{William Henry Bragg}가 발견한 것이랍니다.

오늘날의 과학자들은 조금 더 좋은 치료방법을 찾기 위해 연구함으로써 정상조직은 최대한 피해를 주지 않고 암 조직에만 방사선의 에너지를 전달할 수 있게 하는 기술과 기계들을 많이 발명했습니다. 이로써 안전하고 정확한 방사선 치료로 발전하고 있죠.

그럼에도 불구하고 여전히 많은 사람들이 방사선은 위험하다는 생각을 갖고 있습니다. 물론 위험한 특징을 지닌 것은 사실이지만 오히려 이를 활용하여 암을 치료하는 데 적극적으로 활용하고 있으며 그 치료 효과도 인정을 받고 있습니다. 다만 얼마나 안전하고 정확하게 치료에 사용되는지가 중요한 것이겠죠.

1902년 정말 허름하고 볼품없었던 연구실에서 힘들게 연구하던 퀴리의 꿈은 어느덧 수많은 과학자들의 도움으로 100여 년이 지난 지금 눈부신 발전을 거듭하고 있습니다. 언제가 될지 모르지만 암이 정복되는 그날까지 퀴리 부인의 꿈은 계속 이어져가겠지요. 그 과정에 여러분도 함께한다면 좋겠습니다.

김진성 | 새로운 에너지원을 발견하는 과학자가 되는 것이 꿈이었다. KAIST 원자력 및 양자공학과에서 박사를 취득한 이후 계속 방사선을 이용하여 암을 치료하는 병원에서 의학물리학자(Medical Physicist)로 일하고 있다. 국립암센터 양성자치료센터를 거쳐 현재는 삼성서울병원 방사선종양학과 조교수로 근무하며 암을 정복하는 것에 도움이 되는 연구들을 수행중이다.

콩닥콩닥 만나기

| 과학자들의 카페 |

수학은 게임처럼 즐길 수 있으며 게임은 누군가가 잘 안내해준다
면 숨겨진 수학적 사실들을 탐구해볼 수 있는 훌륭한 도구입니다.
게임 속 문제를 해결하다 보면 신기하게도 수학을 공부하고 있는
자신을 만나게 될 거예요.

수학,
게임으로 즐기자!

| Mathall |

■　어렵고 지루하며 외계인 언어처럼 보이는 복잡한 수학 공식들! 하지만 수학이 게임처럼 재미있다면 쉽고 신나게 공부할 수 있지 않을까요? 자, 여기 두 가지 수학게임을 소개합니다. 푹 빠져 게임을 했을 뿐인데 알고 보니 수학을 공부한 것과 같은 시간이 될 것입니다.

할수록 어려운 페그 솔리테어

먼저 소개할 수학게임은 '페그 솔리테어$^{Peg\ Solitaire}$'라는 게임입니다. 여기서 '페그'는 말뚝을, '솔리테어'는 참을성^{Patience}을 뜻합니다. 게임의 기원에 대해선 정확한 기록이 없지만 바스티유 감옥의 한 죄수가 너무나 심심해서 생각해냈다는 이야기가 전해옵니다. 19세기 말에는 프랑스 전역에서 많은 사람들이 즐겼던 게임이라고 하네요.

　게임 방법은 가운데만 비어 있는 말판에서 페그를 하나씩 점프하여 뛰어넘으면 넘겨진 페그(파란색)를 말판에서 하나씩 제거하는 것입니다. 이렇게 하나씩 페그를 제거하여 마지막에 하나의 페그만 남기면 성공!

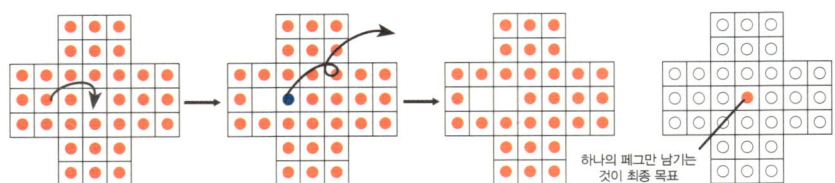

하나의 페그만 남기는 것이 최종 목표

게임을 해보면 페그가 하나씩 줄어들 때마다 묘한 쾌감이 느껴져서 점점 게임에 빠져들게 되는 것을 느낄 수 있을 겁니다. 어찌나 몰입력 있는 게임인지 위대한 수학자 라이프니츠^{Leibniz}는 1716년의 한 편지에서 이 게임에 대해 이렇게 말합니다.

솔리테어라 불리는 저 게임은 나를 매우 즐겁게 해준다네^{The game called solitaire pleases me much}.

그런데 페그가 반 이상 줄어들면 '어라, 한 개만 남기기 어렵겠는걸!' 이란 생각이 듭니다. 그래서 처음엔 다섯 개, 세 개, 그 이상 남기도 하고 어쩌다 운이 좋으면 두 개, 정말 행운이 따라주면 한 개만 남기도 하죠. 이렇게 마지막 한 개가 남더라도 어떻게 해서 한 개가 남게 되었는지 방법이 기억나지 않는 경우도 많습니다. 그렇다면 과연 어떻게 해야 남겨진 페그의 개수를 최소로, 아니 하나의 페그만 남도록 할 수 있을까요? 그리고 자신이 찾은 해결법을 다시 기억해낼 수 있을까요?

이럴 때 수학자들은 어떻게 생각할까

폴리야G. Polya라는 헝가리 수학자는 쉽게 풀리지 않는 문제들을 해결하는데 도움이 되는 몇 가지 중요한 격언을, 그의 유명한 저서 『How to solve it(어떻게 풀 것인가)』에서 다음과 같이 정리해놓았습니다.

1. 이전에 본 적 있는 문제인가?
2. 주어진 자료는 모두 사용하였는가?
3. 조건을 여러 부분으로 분해하라.
4. 더 작은 문제로 변형하라.
5. 그림을 그려보자.
6. 수학적 귀납법을 사용하자.
7. 대칭성을 이용하자.
8. 결론으로부터 거꾸로 추론하자.
9. 방정식을 세워보자.
10. 분해와 재결합을 해보라.

폴리야의 조언을 머릿속에 새기고 본격적으로 솔리테어 게임을 시작해봅시다.

십자가 모양의 말판 위에 32개의 페그가 꽂혀 있습니다. 정가운데는 비어 있으며 하나의 페그가 다른 페그를 건너뛰어서만 이동할 수 있습니다. 대각선 이동은 불가하며 타고 넘어간 페그는 빼내서 마지막 하나의 페그만 남기도록 해보죠.

게임1. 하나의 페그만 남겨라!

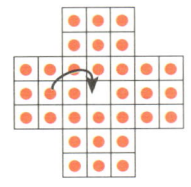

조건을 여러 부분으로 분해하라

처음부터 32개의 페그를 모두 없애는 것은 어렵기도 하지만 방법이 마구잡이식으로 진행될 가능성이 큽니다. 따라서 폴리야의 3번 격언에 따라 전체를 조각조각 나눠서 풀어나가 보려고 합니다. 먼저 ㄱ자 꼴, ㅁ자 꼴, T자 꼴, 점박이 L자 꼴의 기본 패턴으로 나눠봅니다.

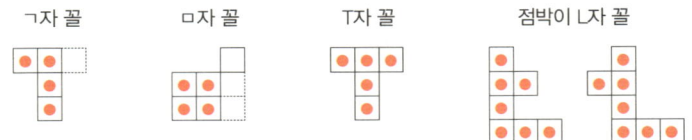

이제 이 4가지의 패턴이 어떻게 변형되는지 알아보죠.

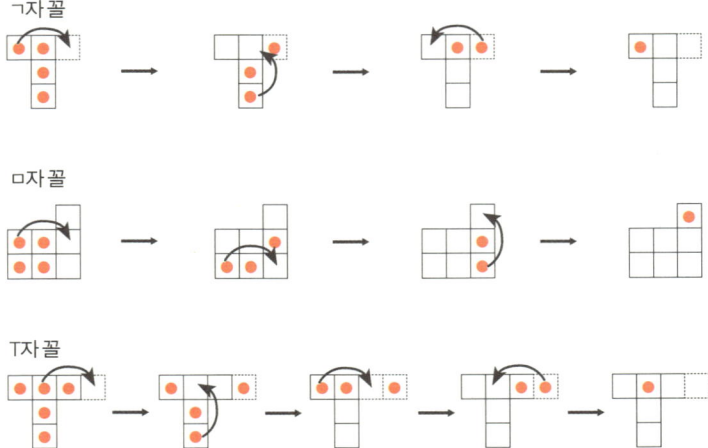

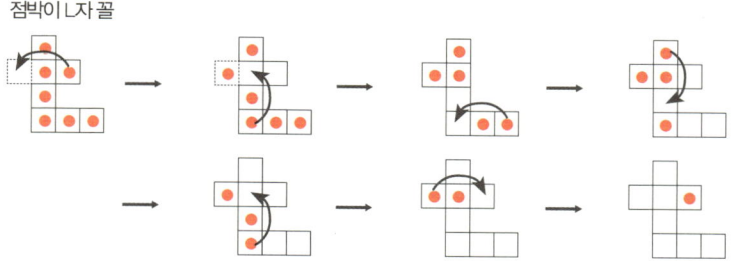

이 패턴의 움직임을 이해했다면 다음의 연습문제를 먼저 풀어봅시다.

1) 십자가 모양   **2) 더하기 모양**   **3) 팽이 모양**

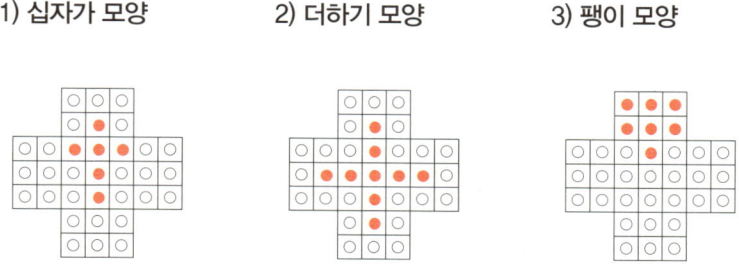

1) 십자가 모양

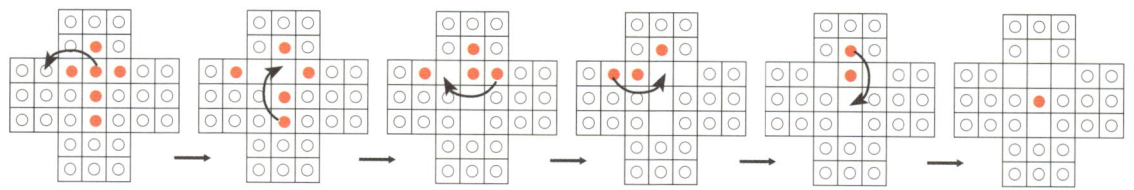

십자가 모양은 교차점에 있는 페그를 이동하는 것에서 시작합니다. 이어 맨 아래쪽 페그를 올리면 아래로 내려와 있던 페그가 모두 없어집니다. 페그를 한 번씩 더 좌우로 움직이면 교차점 바로 아래쪽으로 하나의 페그만 남습니다. 쉽죠?

2) 더하기 모양

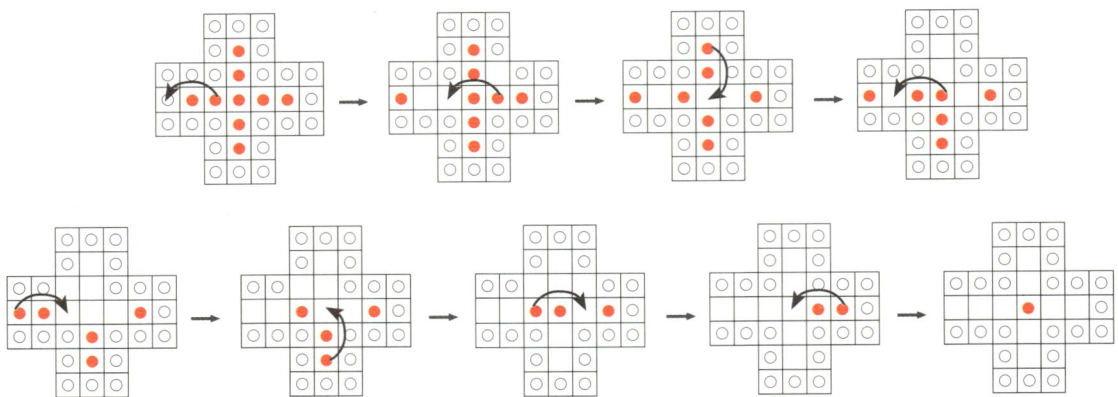

　더하기 모양의 경우는 교차점에 있는 페그를 이동할 수가 없죠. 옮겨
가려고 하는 곳마다 페그가 이미 놓여 있으니까요. 그렇다면 교차점 바
로 주변에 있는 네 개의 페그 중에서 하나를 움직여봅니다. 교차점 페그
바로 왼쪽 페그를 가장 바깥쪽으로 이동합니다. 교차점 페그 오른쪽에
있는 페그도 왼쪽으로 이동, 맨 위 페그를 아래로 옮겨와 위쪽 페그를
모두 없애고 바로 옮겨왔던 페그를 다시 왼쪽으로 이동시킵니다. 아래
쪽 페그도 같은 방법으로 모두 없앤 후 왼쪽, 오른쪽 페그를 한 번씩 더
움직이면 맨 마지막에 페그 하나만 남게 됩니다.

3) 팽이 모양

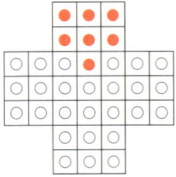

　팽이 모양은 여러분이 직접 풀어보는 것은 어떨까요? 해답은 마지막
에 살짝 공개하겠습니다.

32개 페그를 이리저리, 요리조리

이제 본래의 문제로 돌아가 보겠습니다. 전체를 조각조각 분해했을 때 처음에 선택할 수 있는 패턴은 ㄱ자 꼴과 점박이 L자 꼴뿐입니다. ㄱ자 꼴로 먼저 시작해봅시다.

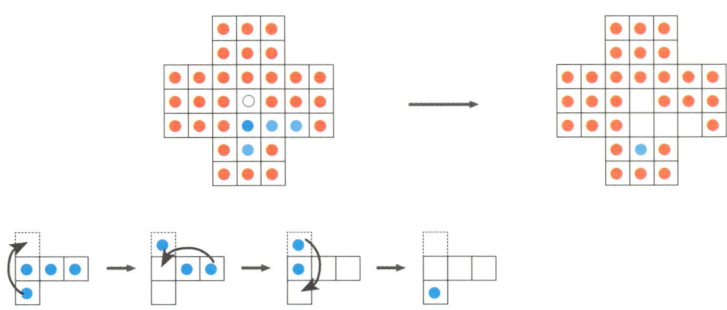

그 다음 단계는 어떻게 분해해볼까요? 빈 공간이 이전보다 많아졌으니 여러 가지 경우가 가능하겠죠? 다시 ㄱ자 꼴, ㅁ자 꼴 패턴을 이용해 페그를 없애봅니다. 그 결과 왼쪽과 오른쪽의 모양이 마주보고 있는 대칭을 이루었죠.

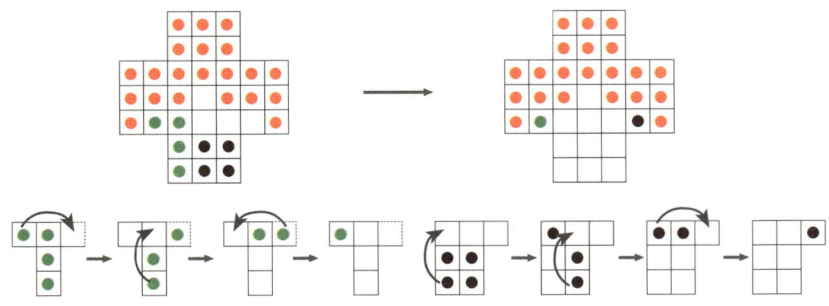

여기서 다시 팽이 모양과 ㄱ자 꼴, 점박이 L자 꼴을 찾아 분해할 수 있습니다.

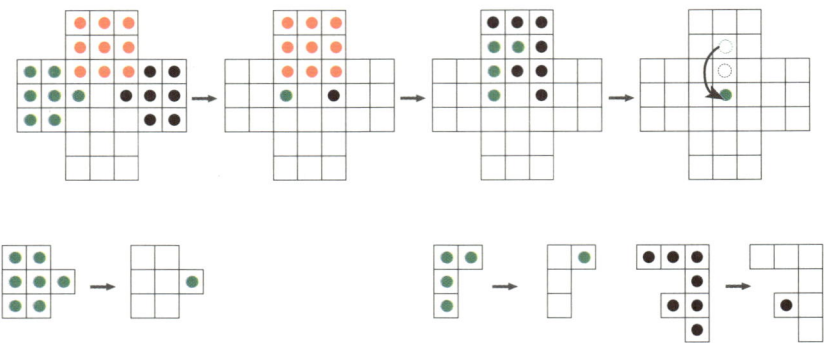

다른 방법은 어떤 것이 있을까

처음 가운데 빈 칸에서 시작할 때 ㄱ자 꼴, 점박이 L자 꼴로 시작할 수밖에 없다고 해서 ㄱ자 꼴로 풀어보았죠. 그렇다면 점박이 L자 꼴로 분해하는 방법은 어떻게 될까요? 아래 그림은 아주 멋진 풀이법입니다. 점박이 L자 꼴이 90도로 회전하여 네 개로 분해된 모습이죠. 이렇게 나눠볼 수 있다면 점박이 L자 꼴을 4번 반복해서 이 솔리테어는 손쉽게 해결할 수 있습니다.

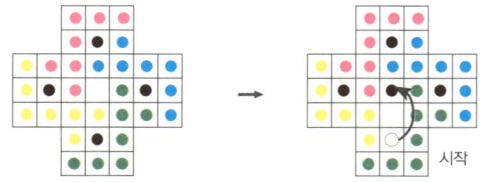

■ 솔리테어 최소이동 횟수

1912년까지는 퍼즐 천재 헨리 듀드니가 19번 만에 성공한 방법이 최소 횟수였지만 4년 후 버골트가 18번 만에 성공한 방법을 캠브리지 대학의 비슬리 교수가 소개하며 18회가 최소 횟수임을 증명했다.

더 생각해 볼 것들

그동안 여러 수학자들은 솔리테어 문제에 대한 다양한 풀이법을 생각해 왔습니다. 그러면서 다양한 게임 방법도 등장했는데 우리가 살펴본 것처럼 페그 이동 횟수를 최소한■으로 하여 한 개의 페그만 남기는 법, 특정한 배치가 되도록 페그를 남기는 것, 처음 빈칸이 정가운데 있는 것이 아닌 다른 위치가 빈칸으로 되어 있는 것 등으로 다양하게 개발되었습니다. 점점 더 창의적이고 효율적인 문제해결 방식을 요구하는 게임이 늘어난 것이죠.

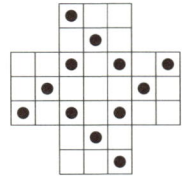
특정한 배치가 되도록 페그 남기기

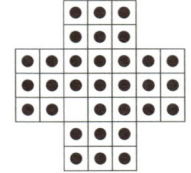
빈칸이 정가운데 있지 않은 경우

〈트랜스포머〉라는 영화 본 적 있나요? 거대한 로봇이 자동차로 변하거나 자동차가 다시 로봇으로 변하는 장면이 나오죠. 화려하고 기술적이며 정교하게 변신하는 장면은 눈이 휘둥그레질 정도였습니다. 단순하게는 아이들에게 인기 많은 '또봇'이라는 변신 로봇을 볼 수 있습니다. 이 로봇은 여러 단계를 거쳐서 자동차로 변신합니다. 어떻게 변신시켜야 하는가는 현재 우리가 풀어야 할 문제와 관련성이 높습니다. 복잡해보이는 로봇의 각 부위가 어떻게 움직이고 변형되는지 알지 못하면 절대로 자동차 모양으로 갈 수가 없기 때문이죠.

마찬가지로 페그 솔리테어도 게임을 반복해보면 몇 개의 작은 패턴들이 자주 등장하게 됨을 알 수 있을 것이고 그것들이 어떻게 변형되는지 잘 관찰하면 전체 페그의 움직임을 손쉽게 조정할 수 있을 것입니다.

멀린 게임

두 번째로 소개할 수학게임은 멀린 게임Merlin's Magic Squares입니다. 이 게임은 1978년에 파커 브라더스라는 회사에서 작은 전자게임으로 처음 만들면서 세상에 알려지게 되었어요. 이때도 전자게임이 있었다는 것이 신기하죠. 이것이 최초의 미니전자게임이라고 해요.

시간이 지나면서 이 게임은 블랙아웃, 라이츠아웃, 흑백게임이라는 다양한 이름으로 불리며 전해져 왔고, 여러 사람들에 의해서 연구되어 왔답니다.

여기서 소개할 게임은, 최초의 멀린 게임의 규칙과는 조금 다르게 변형되어 '세균전'이라는 고전 게임과 유사한 규칙을 갖고 있지만, 멀린 매직 스퀘어Merlin's Magic Squares에서 유래했기 때문에 멀린 게임이라고 부르기로 하겠습니다.

어떻게 게임을 할까요?

게임 방법은 3×3으로 이루어진 정사각형 격자판에 앞면은 검은색, 뒷면은 흰색으로 되어있는 9개의 돌을 뒤집어 모두 흰색으로 만드는 게임입니다. 이때 뒤집는 돌의 바로 이웃한 돌, 상하좌우 방향의 돌을 함께 뒤집어야 합니다. 단, 대각선으로 이웃한 돌은 뒤집지 않습니다. 이 규칙에 따른다면 돌을 뒤집어서 흰색으로 만드는 방법은 총 9가지가 나옵니다.

그림 1

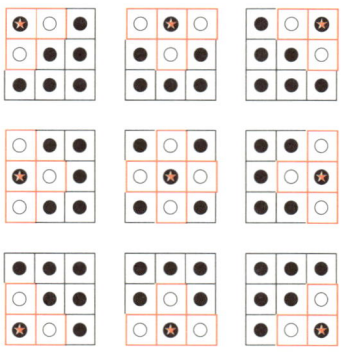

이 게임은 처음에 제시되는 돌의 형태에 따라 해법이 달라집니다. 9개의 돌을 앞면 아니면 뒷면으로 놓기만 하면 문제는 쉽게 만들 수 있죠.

그럼 얼마나 많은 형태의 문제가 나올 수 있을까요? 조금만 생각해보면 그렇게 많지는 않다는 것을 알 수 있을 겁니다. 앞면과 뒷면의 색이 다른 9개의 돌을 배치하는 것이기 때문에 2^9인 512가지 형태의 문제가 나올 수 있어요. 동전 9개를 던질 때 나오는 경우의 수와 같습니다.

대칭성을 이용하자

자, 그러면 문제를 풀어봅시다. 두 가지 문제를 내볼게요.

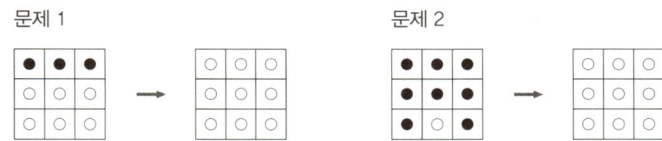

이 문제는 아래 그림처럼 별표(☆)가 있는 부분의 돌을 순서에 상관없이 규칙에 따라 돌을 뒤집으면 모두 흰색으로 바꿀 수 있습니다. 자세히 살펴볼까요.

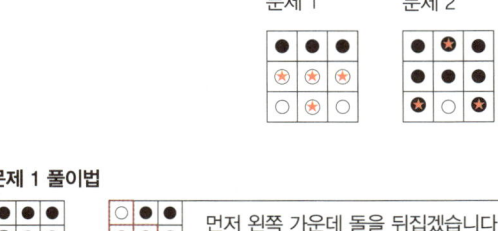

문제 1 풀이법

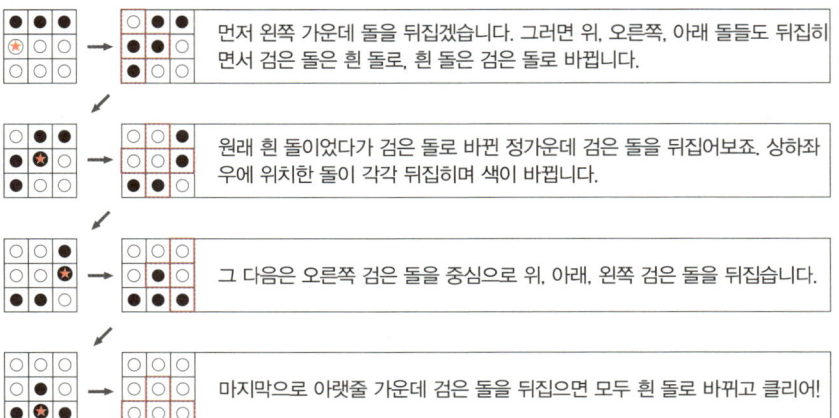

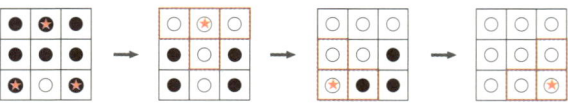

이 문제를 자세히 들여다보면 주어진 문제의 돌 배치 모양이 좌우 대
칭인 걸 알 수 있죠? 그렇다면 이 문제의 풀이도 대칭적으로 나올 수 있
으리란 걸 짐작을 할 수 있습니다. 즉, 왼쪽의 별표를 선택했으면 오른
쪽의 별표도 눌러줘야 한다는 거죠. 또한 한 번 선택한 곳을 뒤집고 나
중에 그곳을 다시 선택하면 원위치로 돌아온다는 사실도 중요해요. 즉,
같은 위치를 짝수 번 선택하여 뒤집으면 처음 상태로 돌아온다는 것이
죠. 그래서 시행착오를 겪는 과정에서는 많은 돌을 선택하여 뒤집었어
도 각각의 문제들에 대한 해법은 아홉 번의 선택 안에서 해결되기 마련
입니다.

더 깊이 알아볼까요?

여러 형태의 문제를 경험하고 문제를 해결하기 위한 많은 고민을 해보
았다면, 그리고 게임을 좋아하는 사람이라면 다음과 같은 궁금증을 가
질 수 있을 거예요.

　첫째, 어떤 형태의 문제에 대해서도 해법은 항상 존재하는가?

　둘째, 해법이 있다면 몇 번 안에 해결할 수 있는가?

　셋째, 일반적인 해법이 존재하는가?

　먼저 첫 번째 궁금증에 대해 고민해봅시다. 우리는 문제가 주어지면
검은색을 뒤집어서 흰색으로 바꾸기만 하면 됩니다. 그런데 주어진 돌
은 9개밖에 없고, 뒤집어야 할 검은 돌도 최대 9개밖에 없습니다. 즉, 9
가지의 위치에 있는 검은색을 뒤집어서 흰색으로 바꾸는 방법만 찾아낸
다면 어떤 형태가 나오더라도 해법을 찾아낼 수 있을 것 같습니다.

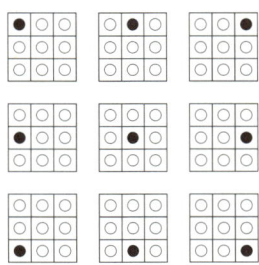

위의 9가지 형태에 대해 흰색으로 만드는 해결법을 찾아낸다면 512가지의 모든 형태에 대해 해법이 존재함을 확신할 수 있고, 그 해법들도 찾을 수 있어요.

두 번째로 생각해볼 것이 바로 횟수입니다. 시행착오를 통해 많이 뒤집다보면 자신도 모르게 모두 흰색이 되는 경우가 있을 거예요. 만일 어떤 문제에서 10번의 시행으로 모두 흰색으로 만들어냈다면 그것이 최소 횟수로 이루어낸 최적의 해결법인가, 더 적은 횟수로 그 문제를 해결할 수는 없을까를 고민해봐야 합니다. 우리에게 주어진 돌을 뒤집는 규칙은 9가지 밖에 없습니다. 그리고 9가지 규칙 중에서 같은 규칙을 두 번 쓰는 것은 불필요합니다. 따라서 만약 어떤 문제를 해결하는 해법을 찾았다면 그 해법은 9회를 절대 넘을 수 없겠죠.

대표유형을 이용한 방법

앞에서 해법을 찾기 위해 정리했던 9가지 규칙(그림 1)은 그 형태를 유심히 살펴보면 3가지로 압축된다는 것을 알 수 있습니다. 다음 페이지에서 볼 수 있는 그림에서 동그라미를 표시한 형태가 나머지 9가지를 모두 대표하는 것이죠. 왜냐하면 왼쪽 위에 검은 돌이 있는 게임판을 시계방향으로 90도씩 회전하면 차례대로 네 개의 모서리에 있는 경우를 만들어낼 수 있기 때문입니다. 따라서 하나의 풀이법을 찾으면 나머지는 90도 회전시킨 해법이 됩니다.

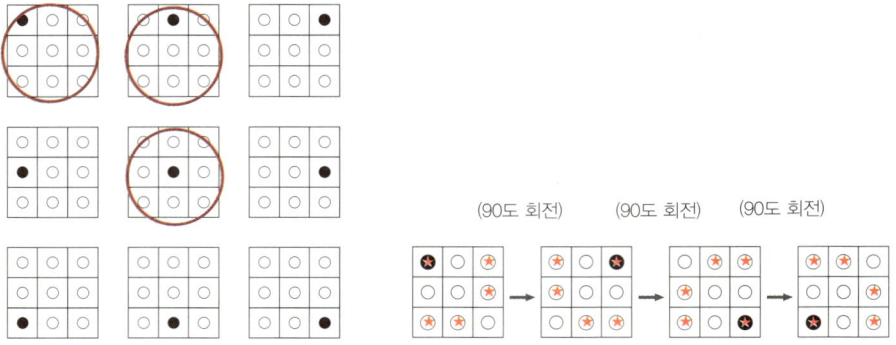

같은 이유로 가운데 윗줄 돌의 경우도 하나만 해결되면 나머지 세 가지 경우는 회전을 생각하여 해결됩니다. 따라서 위의 세 가지 유형이 바로 모든 형태를 해결해줄 대표 유형이 되고, 이 형태들에 대한 해법만 찾으면 모든 것이 해결됩니다!

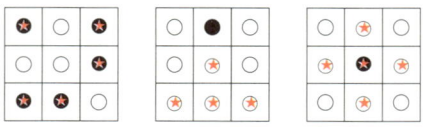

〈대표유형의 해법〉

이제 제시된 형태에 대해 위의 세 가지 해법을 잘 활용하기만 하면 됩니다. 다음 형태의 문제를 한 번 해결해볼까요~?

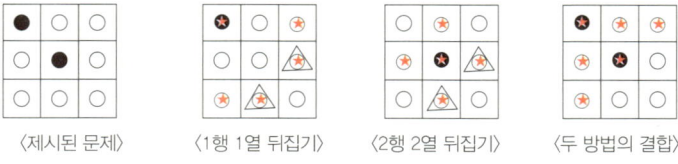

〈제시된 문제〉　〈1행 1열 뒤집기〉　〈2행 2열 뒤집기〉　〈두 방법의 결합〉

위 그림에 제시된 문제를 보면 왼쪽 위의 모서리와 중앙에 검은 돌이 위치하고 있죠. 이것은 아홉 가지의 대표유형 중 두 가지가 겹쳐 있는 것입니다.

먼저 중앙에 있는 검은 돌은 잠시 흰 돌처럼 생각하고 왼쪽 위의 모서리에 있는 검은 돌에 대한 해법을 적용하면 중앙에 검은 돌 하나만 남습니다. 이제 중앙에 있는 돌에 대한 해법을 적용하면 모두 흰색으로 만들 수 있습니다. 그런데 잘 보면 같은 곳을 두 번 선택하게 되는 경우가 있죠. 그림에서 세모 모양으로 표시한 부분입니다. 그곳은 굳이 뒤집을 필요가 없었던 곳이죠. 두 번 뒤집히면 결국 원래대로 돌아오기 때문입니다. 따라서 실제로는 6회면 문제가 해결됩니다.

이런 식으로 검은 돌의 개수가 아무리 많아도 세 가지의 대표유형 풀이를 통해 모두 해결할 수 있습니다.

고등수학을 이용한 방법

대학에 가면 선형대수학이라는 현대수학의 한 방법을 배웁니다. 이름이 좀 어렵죠? 고등학교에서도 선형대수의 핵심인 행렬에 대한 간단한 성질들을 배우는데요. 잠시 소개하면 다음과 같아요. 주어진 9칸의 정사각형 판을 3×3 행렬로 보는 것입니다. 흰색은 0으로 검은색은 1로 변환하고, 행렬의 성질을 이용하여 그 해법을 탐구하는 것입니다.

$$A = \begin{pmatrix} 1 & 1 & 0 \\ 1 & 0 & 0 \\ 0 & 0 & 0 \end{pmatrix} \quad B = \begin{pmatrix} 1 & 1 & 1 \\ 0 & 1 & 0 \\ 0 & 0 & 0 \end{pmatrix} \quad C = \begin{pmatrix} 0 & 1 & 1 \\ 0 & 0 & 1 \\ 0 & 0 & 0 \end{pmatrix}$$

$$D = \begin{pmatrix} 1 & 0 & 0 \\ 1 & 1 & 0 \\ 1 & 0 & 0 \end{pmatrix} \quad E = \begin{pmatrix} 0 & 1 & 0 \\ 1 & 1 & 1 \\ 0 & 1 & 0 \end{pmatrix} \quad F = \begin{pmatrix} 0 & 0 & 1 \\ 0 & 1 & 1 \\ 0 & 0 & 1 \end{pmatrix}$$

$$G = \begin{pmatrix} 0 & 0 & 0 \\ 1 & 0 & 0 \\ 1 & 1 & 0 \end{pmatrix} \quad H = \begin{pmatrix} 0 & 0 & 0 \\ 0 & 1 & 0 \\ 1 & 1 & 1 \end{pmatrix} \quad I = \begin{pmatrix} 0 & 0 & 0 \\ 0 & 0 & 1 \\ 0 & 1 & 1 \end{pmatrix}$$

여기서 우리가 뒤집기를 하는 것은 9개의 행렬 중 하나를 선택하는 것이고 그것을 여러 번 시행한 결과는 행렬들의 덧셈을 하는 것으로 볼 수 있어요. 가령 아래 그림처럼 두 곳을 선택하여 뒤집는 행위는 행렬 A+B의 덧셈으로 나타낼 수 있어요. 여기서 덧셈은 1+1=0, 1+0=0+1=1, 0+0=0이 되는 덧셈이죠.(두 번 뒤집은 바둑알은 처음 상태로 돌아오기 때문이에요.) 결국, 모두 3+4=7개의 돌을 뒤집지만 두 번 뒤집어져서 원위치 되는 것을 제외하면 세 곳의 돌만 처음 상태에서 바뀌게 되죠.

$$A+B = \begin{pmatrix} 1 & 1 & 0 \\ 1 & 0 & 0 \\ 0 & 0 & 0 \end{pmatrix} + \begin{pmatrix} 1 & 1 & 1 \\ 0 & 1 & 0 \\ 0 & 0 & 0 \end{pmatrix} = \begin{pmatrix} 1+1 & 1+1 & 0+1 \\ 1+0 & 0+1 & 0+0 \\ 0+0 & 0+0 & 0+0 \end{pmatrix} = \begin{pmatrix} 0 & 0 & 1 \\ 1 & 1 & 0 \\ 0 & 0 & 0 \end{pmatrix}$$

결국 멀린 게임은 모두 9회 이내의 행렬덧셈으로 9개의 칸에 모두 0이 채워지는 행렬을 찾는 문제로 이해할 수 있습니다.

지금까지 색다른 두 가지 게임을 통해 수학을 탐구해 보았습니다. 즐거웠나요, 아니면 너무 어려웠나요? 수학은 게임처럼 즐길 수 있으며 게임은 누군가가 잘 안내해준다면 숨겨진 수학적 사실들을 탐구해볼 수 있는 훌륭한 도구입니다. 게임 속 문제를 해결하다 보면 신기하게도 수학을 공부하고 있는 자신을 만나게 될 거예요.

부모님이 "이 녀석, 하라는 공부는 안 하고 오락이니?"라고 말씀하시면 이젠 자신 있게 말하세요. "이거 수학문제 푸는 거예요~"라고요.

● 팽이 모양 솔리테어 해답

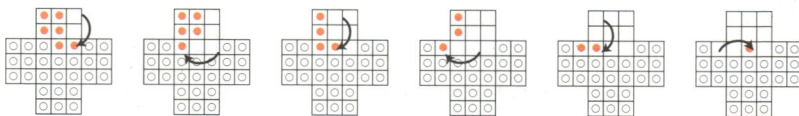

Mathall | 대전지역 고등학교 수학 선생님들로 구성된 공부 모임. 어떻게 하면 딱딱하고 어려운 수학을 재미난 소재를 활용하여 즐겁게 체험하고 배움을 일으킬 수 있는지 고민 하고 있으며 3년째 방학마다 학교의 수학동아리를 위해 재미난 수업을 하고 있다.

매일같이 발생하는 끔찍한 사건들과 억울한 죽음들. 그런 억울함과 고통을 풀어줄 수 있는 사람들은 경찰만이 아니라 과학자의 힘도 크게 작용한다는 점. 과학은 어렵기만 하고 재미없는 일이라고 생각하는 친구들에게 이런 일들은 상상도 못했던 일들이죠?

과학으로
정의를 실현하는 사람들

| 권기효 |

현장에 출동하는 과학자

사람들에게 오랫동안 사랑받는 해외 드라마 시리즈 〈CSI〉를 본 적 있나요? 미국에 CSI가 실제로 있냐고 묻는다면 대답은 No입니다. 하지만 실제 롤모델이 된 기관은 있는데요. 그곳이 바로 CSA crime scene analysts입니다. 범죄를 다루는 곳이기에 보안이 중요해 실제 이름을 그대로 쓸 수는 없었나 봐요. 여담이지만 실제로 근무하는 직원 이름까지 겹치지 않도록 조사했다고 하네요. 이곳엔 범죄현장 수사를 하는 몇 가지 업무부서가 있는데 드라마 CSI에서는 현장에 나가 직접 조사하는 수사원들을 모델로 그려내고 있어요. 드라마에서처럼 이곳은 범인을 잡을 수 있는 단서를 찾아내는 중요한 부서랍니다. 그런 CSI와 같은

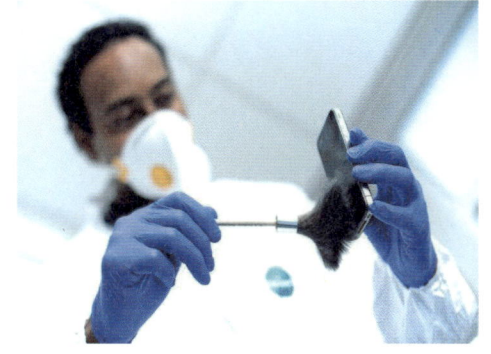

조직이 한국에도 존재합니다. 바로 국립과학수사연구원(이하 국과수)이 그곳이죠. 국과수는 1955년 설립된 이래 경찰과 검찰, 군사기관 등 각급 수사기관과 함께 범죄수사에 대한 감정을 수행해왔으며, 과학적 증거를 확보하기 위해 다양한 실험과 연구를 통해 수사 과학화에 힘쓰고 있습니다. 국과수에서 하는 일을 쉽게 말하자면 매일같이 일어나는 수백, 수천 가지의 사건들을 과학 원리를 이용해 해결해나가는 곳이라고 할 수 있습니다.

국과수 홈페이지

누군가 죽거나 살해당하면 이제 우리는 가장 먼저 국과수를 떠올립니다. 의문의 죽음이라면 더욱 그렇죠. 살인사건이나 각종 범죄뿐 아니라 화재현장에서 왜 화재가 일어났는지를 찾는 일, 자동차 사고현장에서 사고 경위를 밝혀내서 운전자의 과실을 따져 밝히는 일, 사라진 수많은 자료와 가상 데이터를 다시 복원하는 일, 수십 년 동안 떨어져 살았던 부모와 자식을 찾아주는 일까지 아주 다양한 일을 수행하고 있습니다.

국과수는 얼마 전 명칭이 변경되었는데요. 국립과학수사연구소에서 국립과학수사연구원으로 승격되었답니다. 그 이유는 국과수의 업무를 보면 알 수 있는데요. 1955년 설립초기 480여 건의 업무만을 보던 기관에서 매년 의뢰량이 증가하면서 2012년에는 298,729건의 어마어마한 양의 업무를 맡아 해결하는 기관으로 성장했답니다. 여기엔 나날이 발전하는 범죄수법에 대응하여 감식에만 치우쳐 있던 업무가 부검, 역학조사, 복원 등의 최신 과학기법을 도입하여 현재는 심리수사까지 가능한 기술력을 만들어냈기 때문입니다. 그에 걸맞게 2004년 국제인증을 받음으로써 국내뿐만이 아닌 해외에까지 공신력을 갖춘 기관으로 발돋움했답니다. 또 50년간 쌓인 노하우를 바탕으로 법의학 관련 우수 인력 양성을 목적으로 분석기관이 아닌 교육기관으로서의 면모도 갖추고 있습니다.

과학자라고 하면 흔히 실험실에 틀어박혀 연구만 하고 괴상한 발명품을 만들어내는 사람이라고 생각하는 사람들이 많은데 이렇게 국과수처럼 삶의 현장 최일선에서 활약하는 과학자가 있다고 하니 놀랍지 않나요?

해부학은 무시무시하다?

국과수에 관한 더 자세한 이야기를 하기 전에 과학수사의 밑바탕이 되고 있는 '해부학'이라는 학문에 대해 잠깐 이야기하고자 합니다. 여러분에게 해부학이란 어떤 이미지인가요? 개구리의 배를 가르는 실험이나 무시무시한 뼈다귀 모형, 매캐한 화학약품 냄새가 가득한 해부실 풍경 등이 떠오르지 않나요? 그런 이미지 때문에 공포영화의 배경으로 자주 등장하기도 합니다. 그런데 안타깝게도 해부학의 이러한 공포스러운 이미지 때문에 해부학이란 학문의 본질과 중요성이 많이 가려져 있습니다.

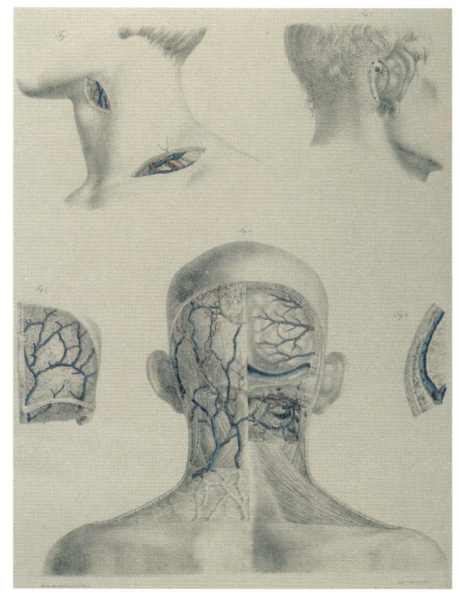

해부학이란 학문은 의학계열에서 절대 빼놓을 수 없는 학문입니다. 우리 몸을 구석구석, 그 모양을 알아야 어떤 병이든 치료할 수 있는 방법을 찾을 수 있겠지요. 장기의 기능과 구조를 공부하기 위해서는 수학, 물리학, 화학, 생물학 등의 지식이 필요하기 때문에 이러한 학문들과 많은 관련을 맺고 있습니다. 최근에는 〈인체의 신비전〉 같은 전시회처럼 예술분야까지 광범위한 영향을 미치고 있죠. 여러분의 몸이 어떻게 움직이고 반응하는지 우리 몸에서 일어나는 수백 가지의 반응들을 탐구하고 공부하는 사람들이 바로 해부학자입니다. 국과수에는 이러한 해부학자들이 많이 일하고 있습니다.

부검을 실시하겠습니다

'국과수' 하면 뭐니뭐니 해도 부검이 가장 먼저 떠오르지요. 부검이란 해부하여 검사한다는 뜻으로 죽음의 원인을 밝히기 위해서 사후 검진하는 것을 말합니다. 옛말에 '죽은 자는 말이 없다'라는 말이 있는데 죽은 자는 말을 하지 못하지만 모든 증거를 몸에 지니고 있습니다. 따라서 죽음의 원인을 찾아내기 위해서는 부검이 필수적입니다.

얼마 전 높은 시청률을 기록하며 방영됐던 〈사인sign〉이라는 드라마 보셨나요? 국과수가 배경이 되어 한국 최고의 법의학자와 신입 부검의가 의문의 사건을 파헤치는 이야기였습니다. 소재가 소재인 만큼 드라마에서 부검하는 장면이 굉장히 많이 등장했습니다. 긴장감 가득한 부검실에서 시신을 들여다보는 장면이 아직도 생생합니다.

아, 그런데 여러분이 알아두셔야 할 것이 있습니다. 가끔 극중에서 긴장감을 높이기 위해 홀로 어두운 방에서 시신을 부검하는 장면이 나오는데 실제로 혼자 부검을 하는 경우는 없다는 것입니다. '와, 저렇게 혼자 시신을 이곳저곳 만지고 들여다보다니……! 난 무서워서 과학자는 못 할 것 같아!'라고 생각하신다면 오해하지 마세요. 부검을 할 때는 부검하는 부검사와 기사, 그리고 사진 기록을 남기는 사람까지 최소한 3~4명이 한 팀으로 부검을 하고 있답니다.

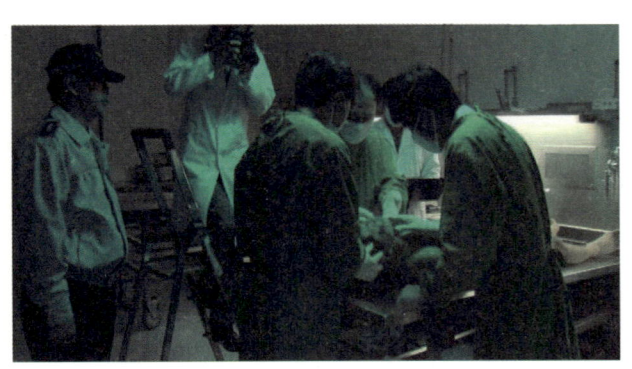

부검으로 얻는 정보는 다양합니다. 절단된 면을 통해서는 어떤 흉기를 사용했는지 알 수 있고, 상처

난 조직의 상태를 통해서는 어떤 행동을 했는지, 전체적인 사체의 모습을 통해 사건 후 시간이 얼마나 지났는지도 판단할 수 있죠. 즉, 이 사람이 왜 이렇게 죽음을 맞이했는지에 대한 정보는 모두 알 수 있는 겁니다.

자, 그럼 부검을 통해 사인(死因)을 알아냈다면 이 죽음의 억울함도 풀어줘야겠죠? 수사에 이용되는 여러 가지 원리와 이론을 설명하면 따분한 설명이 될 테니 몇 가지 사건을 통해 국과수 연구원들이 어떻게 사건을 해결해나가는지 알아봅시다. 지금부터 여러분이 '일일 국과수 연구원'이 되어 이 사건을 어떻게 해결하면 좋을지 함께 생각하면서 읽어보도록 해요.

사건 1. 철도주변에서 발견된 변사체

○○월 ○○일 새벽. 경부선 하행선에서 변사체가 발견되었습니다. 근처에 떨어진 당사자의 소지품으로 신원은 확인할 수 있었습니다. 하지만 이것이 자살인지 타살인지는 알 수 없었죠. 이를 확인하기 위해 먼저 CCTV를 확인해보기로 했습니다. 이때 그 긴 시간의 CCTV 영상을 모두 확인해야 할까요? 빠른 수사를 위해서는 최대한 근접한 시간대를 찾아 확

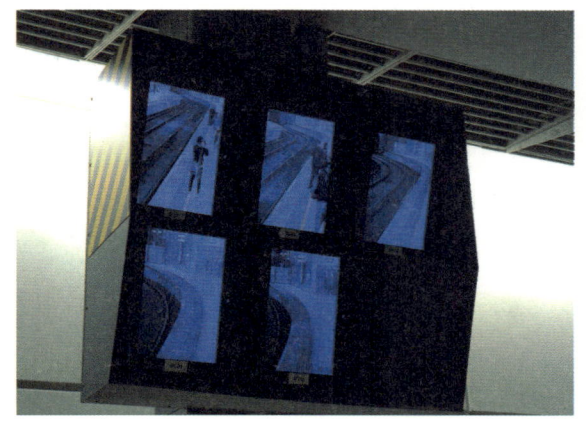

인해야 합니다. 여러분이 국과수 연구원이라면 어떻게 했을까요?

이 사건을 해결할 수 있었던 열쇠는 바로, 사건 당사자의 옷에 묻은 열차 페인트였습니다! 열차에 부딪혔을 때 옷에 묻은 페인트를 채취해 분석한 결과 페인트의 원료와 색상을 밝혀냈고 이 페인트가 칠해진 열차의 당일 시간표를 확인해 그 시간대의 CCTV만을 확인했죠. 그 결과

이 사건은 자살임을 확인할 수 있었습니다.

오랜 시간이 걸리는 작업을 과학적 원리를 통해 결정적 단서를 찾아냄으로써 수사 시간을 대폭 줄이는 일. 이것 또한 국과수에서 수행하는 가장 중요한 일 중 하나입니다.

사건 2. 연쇄 성폭행 살인범의 검거

○○시에서 일어난 연쇄 성폭행사건. 이는 동일범의 소행으로 추정되었습니다. 범인을 검거하기 위해 합동 조사본부가 설치되었고 국과수도 출동했습니다. 하지만 수사를 하는 데 많은 어려움이 있었죠. 하나하나 살펴봅시다.

1. 피해자의 시신이 훼손되어 정액 반응이 불가능
2. 토막 난 신체 일부분만이 발견되어 피해자의 신원 파악 어려움
3. 범행에 사용된 흉기에서도 지문 채취가 불가능

증거가 턱없이 부족한 환경 속에서 사건이 점점 미궁으로 빠질 무렵 수사본부에서 결정적인 단서를 찾을 수 있었습니다. 토막 난 시신에서 사건 해결의 열쇠가 발견된 것이죠. 시신의 일부분이었던 피해자의 손톱 사이에 범인의 혈흔과 살점이 숨겨 있었습니다. 성폭행범과 마주한 피해자가 범인과 격렬한 몸싸움을 하는 도중 손톱 밑으로 범인의 살점이 파고들어갔던 것입니다. 국과수에서는 DNA 검사를 통해 범인을 찾을 수 있었습니다.

DNA로 범인을 찾다

혈흔과 살점으로 범인을 어떻게 찾을 수 있을까요? 바로 DNA가 사건

을 해결할 수 있는 핵심 아이템입니다. DNA란 유전정보
를 저장한 각자의 고유한 물질로 혈액이나 피부, 머리카
락, 체액 등에서 채취할 수 있습니다. 이렇게 채취한 물질
을 정제하여 DNA를 추출하는데 DNA는 사람마다 고유한
것이기 때문에 범인을 확실히 가릴 수 있는 결정적인 단서
가 됩니다.

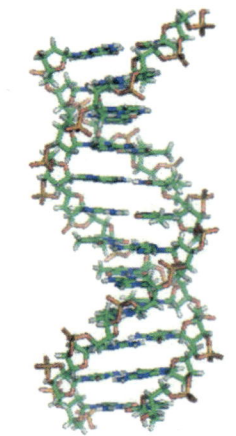

　이런 수사를 DNA 프로파일링이라고 하는데 이 과정을
통해 사람마다 서로 구별할 수 있는 분석된 DNA를 만들
어내는 것입니다. 개인이 가진 유전정보는 모든 사람이 동
일합니다. 그러나 각각의 개인이 지닌 유전자는 조금씩 다릅니다. 바로
이 차이를 이용하는 것이 DNA 프로파일링인데 개인이 가진 DNA를 분
석하면 얼굴로 사람을 구별할 수 있듯 고유의 DNA로 개인을 구별할 수
있습니다. DNA를 추출하려면 현장에서 얻은 혈액, 정액, 타액, 모발,
뼈 등의 감정물을 전처리 과정을 통해 불순물을 제거하고 DNA를 분리
한 후 유전자형을 판독하는데 이 유전자형이 개인을 구별하게 만들어주
는 요소입니다.

나의 DNA도 국과수에서 관리할까?

여기서 의문점이 하나 생기지 않나요? DNA를 분석했다 하더라도 이것
이 누구의 DNA인지 알 수 있어야 하는데 전 국민의 DNA를 다 가지고
있지 않는 한 국과수에서 DNA를 통해 범인을 찾는 것은 불가능하지 않
은가 하는 것입니다. 개인정보의 중요성이 부각되는 현 시대에 전 국민
의 DNA를 국가가 관리한다는 것은 말이 되지 않으니까요.

　국가가 관리하고 있는 DNA 정보는 범죄를 저지른 사람에 국한합니
다. 보통 강력범은 재범이 많아 DNA가 분석되면 그동안 범죄자들의

DNA 목록과 1차로 비교합니다.

그렇다면 범죄자 DNA 목록에 없는, 처음 범죄를 저지른 사람은 어떻게 처리될까요. 초범인 자는 잡히지 않는다면 평생 걸리지 않을까요? 대답은 네 그렇습니다. 하지만 지금까지 손꼽히는 몇몇 사건을 제외하고는 모든 범인들이 검거되고 있습니다.

예를 들면 몇 해 전 살인사건의 범인을 밝히지 못한 채 끝난 수사가 있었습니다. 사건이 일어나고 몇 년 후 누군가를 상해하여 붙잡힌 가해자의 DNA를 등록한 결과 그때의 살인범 DNA와 일치하여 사건을 해결한 사례가 있습니다. 이렇게 미결된 사건의 경우 DNA 정보를 등록시켜 놓기 때문에 시간이 지나더라도 반드시 범인을 밝힐 수 있는 것입니다.

이와 비슷한 예로, 베트남이나 6.25전쟁에 참전해 현지에서 목숨을 잃은 분들을 다시 조국으로 모셔오는 일을 아직도 하고 있는데요. 이런 일은 해외에서 발굴된 유골의 DNA를 분석해 저장하고 국내에선 돌아오지 못한 참전 용사의 가족들을 모집해 DNA를 채취하여 두 유전자를 대조해 참전용사를 가족들의 품으로 돌려주는 일이랍니다. 과학의 발전으로 치안을 유지하고 우리의 안전을 보장할 수 있다니 놀라운 사실이죠?

사건 3. 장자연 씨의 편지

우리 사회에 큰 충격을 주었던 장자연 씨의 사건을 알고 있나요? 장자연이라는 배우가 목숨을 끊은 사건인데요. 그녀는 세상을 떠나며 연예계의 어두운 면을 폭로하여 세상에 큰 이슈가 되었습니다. 그러나 그녀의 유서만으로는 그 진상을 파악하기 어려웠는데요. 그때 그녀와 생전에 편지를 주고받았다고 하는 사람이 나타나 사건은 새로운 국면을 맞이하게 되었습니다. 그때 국과수는 '필적대조'를 통해 그 진위를 가려내는 일도 담당했습니다. 장자연 씨의 편지를 해독한 것도 국과수의 일이었습니다. 장 씨의 편지를 받았다고 주장하는 사람의 필적과 실제 장자연 씨의 필적을 대조하여 그 사람이 평소 쓰는 글씨체를 파악하는 과정인데 획수의 차이와 습관 등을 정밀하게 분석함으로써 이 편지의 진위를 가려내었습니다. 아직 미결된 사건이기에 사건의 결론을 내릴 수는 없지만 국과수는 정치적 이념이나 힘에 관계없이 과학적 근거를 기반으로 한 사실만을 밝혀내는 곳이라는 걸 보여준 사건입니다.

사건 4. 쥐 식빵 사건

몇 해 전 세간을 들썩였던 사건입니다. 유명 프랜차이즈 제과점에서 구매한 식빵에서 쥐의 사체가 들어 있었던 것입니다. 그 소식을 접한 사람들은 해당 제과점에 항의하는 것은 물론 신뢰가 가지 않는다는 이유로 발길을 끊기 시작했습니다. 이에 해당 제과점은 이런 일은 일어날 수 없는 일이라며 반박했고 혐의를 부인했습니다. 음식에서 불순물이 나오거나 유통과정에서 상한 식품이 나오면 해당 회사의 매출이 떨어지는 것은 물론이고 회사 이미지도 실추되기 때문에 회사 입장에서는 매우 불미스러운 일입니다. 그 식품을 구매하는 소비자들도 건강의 위협을 받을 수 있기 때문에 더욱 민감할 수밖에 없는 사건이죠. 사건이 일어나고 바로 국과수에서는 해당 식빵을 조사했습니다. 그 결과 이 사건은 놀랍게도 이웃 제과점 주인이 벌인 자작극이었습니다.

이번 사건은 '철저한 현장 조사'가 밑바탕이 된 결과인데요. 이 사건 조사를 위해 국과수는 제빵전문가를 불러 제빵 전과정을 하나하나 재현하는 등 신속한 사건해결을 위해 사흘 밤낮으로 노력했답니다. 하지만 그런 노력에도 불구하고 제빵작업에서는 실마리를 찾아낼 수 없었습니다. 여기서 실망하지 않고 바로 현장조사를 실시한 결과 해답을 찾을 수 있었답니다. 첫 번째는 주변을 조사할 때 나온 끈끈이가 핵심이었는데요. 이 끈끈이와 같은 성분이 빵 속의 쥐 몸에서 발견된 거예요. 이 증거를 바탕으로 결정적 증거인 빵의 성분 차이를 찾게 되었답니다. 빵 속

칼슘, 마그네슘, 나트륨 등의 성분은 경쟁업체 빵집의 성분들과 일치했습니다. 이를 증거로 경쟁사의 제과점 주인을 조사하자 '장사가 잘 되지 않아 상대 제과점의 이미지를 실추시키기 위해 자작극을 벌였다'는 자백을 얻어낼 수 있었습니다. 이 분석이 나오기 전까지 여론은 피해업체를 비난하는 쪽으로 흘러 매출급락과 이미지 실추로 속앓이를 하고 있었는데 국과수의 조사 결과에 모두가 놀라게 되었죠. 이처럼 아무리 세상을 속이고, 자신까지 속이려 해도 '과학이 말해주는 진실'은 속일 수 없답니다.

사건 5. 삼호 주얼리호 사건

석해균 선장이라고 하면 더 잘 알겠죠? 아덴만에서 삼호 주얼리호라는 상선이 소말리아 해적에게 잡혀 정부와 협상하던 중 해적들이 터무니없는 요구를 하자 이에 대항해 정부는 인질 구출을 우선으로 하는 제압작전을 펼칩니다. 청해부대가 돌입해 인질이었던 석 선장을 구하고 해적을 소탕했습니다. 청해부대의 작전으로 구출된 삼호 주얼리호의 석해균 선장은 구출 당시 몸에 총을 맞았는데 이 총상이 우리 군이 쏜 총에 의한 것이라는 보도 때문에 과잉진압이 아니냐는 문제가 제기되었습니다. 이 사건의 진위를 파헤친 것도 국과수였습니다.

일단 석 선장의 신체에서 뽑아낸 총알의 파편과 우리 군이 사용하는 실탄을 비교했을 때 같은 재질의 총알이 아니었습니다. 또한 총은 제작하는 곳마다 총알을 회전시키는 회전흔을 각각 다르게 만듭니다. 따라서 총에서 발사된 총알은 저마다 고유한 회전흔이 새겨지는데, 압수한 해적의 총과 우리 군의 총으로 발사한 후 남은 흔을 비교한 결과 우리 군이 아닌 해적의 총이란 걸 확인할 수 있었습니다.

국과수의 다양한 사건 해결

국과수는 매일 살인과 범죄자만을 가리는 기관일까요? 아닙니다. 국과수는 다양한 일을 하지만 범죄수사의 비중이 큰 것일 뿐입니다. 대표적인 예로 국과수는 얼마 전 가야인을 최초로 복원하게 되었습니다. 유적에서 발견한 유골을 분석하여 살을 붙이고 의상을 복원한 결과 가야인의 모습을 완벽하게 복원해낼 수 있었지요.

국과수에서는 다양한 방법으로 사건을 해결합니다. ERP장비, 즉 사건관련뇌파Event Related Potential를 이용하는 수사장비(P300이라는 뇌파를 통해 범죄나 거짓말의 여부를 측정)와 거짓말탐지기를 통해 범죄자의 심리를 파악하기도 하고, 법최면을 통해 범인을 추적하거나, 전화로 협박하는 목소리를 분석해 범인을 식별해내기도 합니다. 차량의 사고를 재현해 원인을 밝히기도 하는 등 다양한 방법을 이용해 사건을 해결하고 있습니다. 현존하는 첨단 과학을 이용해 여러분의 안전을 지키고 있는 것이죠.

몇 가지 사례를 통해 국과수에서 하는 일을 간략하게 소개해봤는데 어떤가요? 매일같이 발생하는 끔찍한 사건들과 억울한 죽음들, 그런 억울함과 고통을 풀어줄 수 있는 데는 경찰만이 아니라 과학자의 힘도 크게 작용한다는 점. 과학은 어렵기만 하고 재미없는 일이라고 생각하는 친구들에게 이런 일들은 상상도 못했던 일들이죠?

꿈이 있는 공부

"오직 과학적 진실만을 추구하여 국민의 안전과 권리를 수호합니다. 국민을 지키는 과학의 힘"

국과수 사이트의 메인 페이지에 있는 문장입니다. 여러분에게 이 말은 어떻게 다가오나요? 전 처음 이 말을 접하고 심장이 터질 듯 두근거렸습니다. 대학에 가기 위해, 좋은 직장을 잡기 위해, 돈 많이 벌기 위해 머리 아프고 어렵기만 한 공부를 꾸역꾸역 하고 있던 저에게 이 말은 제가 하고 싶었던 일을 하기 위해선 무엇을 해야 할지 알려주는 계시와도 같았습니다. 국민의 안전과 권리를 지키는 힘을 기르기 위해 하는 공부는 그동안 해오던 공부와는 달랐습니다.

미래의 과학자가 될 여러분들에게 지금의 과학자인 제가 할 수 있는 조언은 단 한가지입니다. 재미있는 공부를 하세요. 여러분이 좋아하는 일을 위해 즐겁고 재밌게 공부했으면 좋겠습니다. 자신의 목표를 잡고 그 목표를 위해 즐겁게 공부하는 사람은 행복한 사람, 성공한 사람입니다. 여러분들은 그렇게 공부하고 즐겁게 세상을 살아갔으면 좋겠습니다.

'과학'이 늘 어렵고 전문적인 것만 있다고 생각한다면 '과학'을 정말 일부분만 아는 거라고 할 수 있습니다. 우리가 숨 쉬고 살아가는 모든 것에 '과학'이 숨어 있거든요. '침대는 가구가 아니라 과학'이라는 광고 기억하시죠? 사람은 보통 하루에 6~8시간 잠을 자는데 여기에도 '과학'이 필요한 거죠. 그러니 너무 '과학'을 어렵게 생각하지 않았으면 좋겠습니다.

국과수에서는 아직도 더 많은 과학자들을 기다리고 있습니다. 국과수 뿐만이 아니라 더 많은 곳에서 흥미진진한 주제가 미래의 과학자들을 기다리고 있습니다. 여러분이 꿈을 꾸고, 그 꿈을 위해 노력할 만한 가치가 충분한 그런 일들이 말이에요!

권기효 | 연세대학교 의과대학 해부학교실 연구원. 학창시절부터 꾸준히 공부방을 운영하며 '진짜 공부를 하고 싶어 하는 아이들'을 위해 꿈을 갖게 하고 무엇을 위해 공부해야 하는지를 알려주고 있다. 현재는 교육시민단체 '아름다운배움'과 함께 미래의 과학자들을 찾기 위해 노력하고 있다.

건물은 생명체입니다. 건물은 살아있습니다. 또한 진화하고 있습니다. 어제 설계했던 건물보다 오늘 설계한 건물이, 오늘 설계한 건물보다 내일 설계할 건물이 외부의 환경과 내부의 사용자에 더욱 잘 대응할 것입니다. 이렇게 진화하는 건물은 어디를 향하고 있을까요? 그 진화의 목적지는 바로 사람 아닐까요?

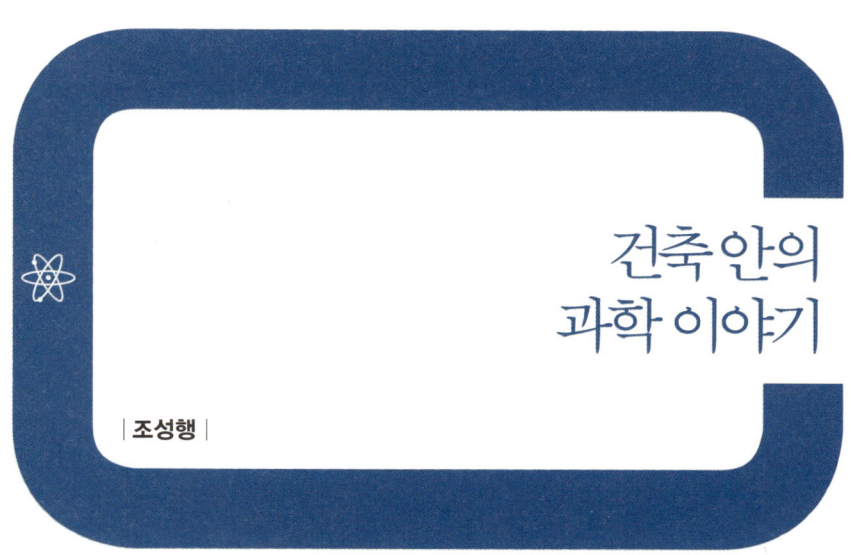

건축 안의
과학 이야기

| 조성행 |

　　건축과 과학은 관계가 있을까요? 사물의 원리를 규명하는 과학의 범주가 워낙 커서 과학과 관련이 없는 분야가 거의 없듯이, 건축도 과학과 밀접한 관계를 맺고 있습니다. 건물이 계획되고, 지어지고, 사용되고, 철거되는 전 과정에 과학의 원리가 적용됩니다. 바닥을 받쳐주는 기둥에는 '힘의 전달' 원리가, 환기를 가능하게 하는 창문에는 '공기 흐름'의 원리가, 거실을 남향으로 배치하는 것에는 '지구의 자전과 공전'의 원리가 숨어 있습니다.

　이렇게 밀접한 관계가 있는 건축과 과학, 그 긴밀한 관계를 알아보기 위해 건축 안에 숨겨진 과학을 살펴보도록 하겠습니다. 여기서는 건물의 각 부분이나 기능을 '사람'과 비교해보려 합니다. 그 과정에서 건축 안에 숨어 있는 과학 원리를 자연스럽게 체험할 수 있을 것입니다.

건물에서 사람을 보다

"건물에서 사람이 보입니다." 왠지 생뚱맞게 들리죠? 과연 건물 어느 곳에서 사람이 보일까요? 옥상에 올라가 있는 사람? 창문 열고 밖을 보는 사람? 건물 외벽에 그려진 사람 벽화? 모두 아닙니다. '건물 자체가 사람'이라는 뜻으로 한 말입니다. 정확하게는 건물 각 부분의 역할과 기능이 인체의 기관과 유사하다는 것이죠. 모습도 비슷한 면이 많죠. 건물의 지붕은 사람의 머리, 창문은 눈, 대문은 입, 외벽은 피부……. 하지만 무엇보다 역할과 기능이 많이 닮았습니다. 이제 펼쳐지는 내용을 통해 건물이 사람을 벤치마킹하여 지어진다는 사실을 알 수 있을 것입니다.

먼저 건물과 비교할 인체는 어떻게 구성되어 있는지 살펴보죠. 인체의 기관계는 감각계, 생식기계, 소화기계, 비뇨기계, 호흡기계, 림프 및 면역계, 순환기계, 내분비계, 신경계, 근육계, 골격계, 피부계 등이 있고, 감각계 안에는 시각기관, 후각기관, 미각기관, 청각 및 평형감각기관, 일반 감각기관 등이 있습니다. 사람의 삶이 신비로운 만큼 인체의 기관계도 매우 복잡하게 연결되어 있습니다. 이렇게 많은 인체의 기관계 중, 여기에서 건물의 비교대상으로 삼고자 하는 것은 시각기관, 호흡기계, 순환기계, 골격계, 피부계입니다. 이제 들어가 볼까요?

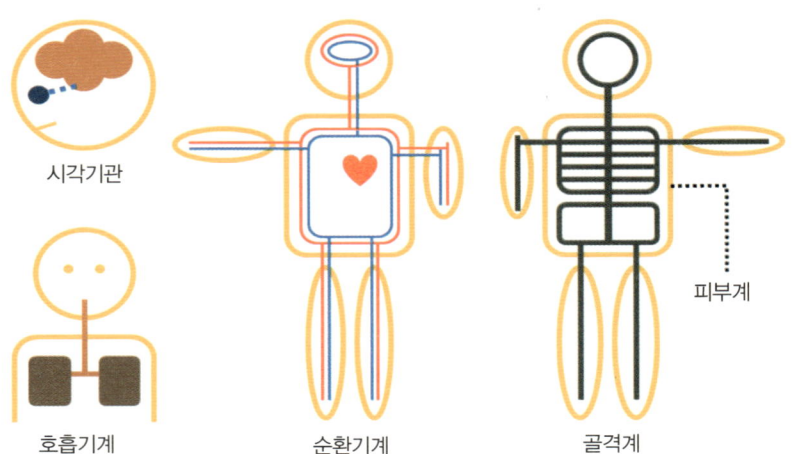

시각기관

호흡기계　　　　순환기계　　　　골격계　　　피부계

창문을 열고 음~ 내다 봐요~

가수 정태춘 님의 노래 〈시인의 마을〉 첫 소절 가사입니다. 곡조만큼 가사도 푸근하고 아름다운 노래입니다. '창문을 열고 무언가를 내다보는' 정태춘 님의 노래와 같이 창문을 통해 건물은 실내와 실외가 서로 무언가를 교류합니다. 바로 빛과 공기입니다. 창문은 빛과 공기 즉, 채광과 환기를 위해 존재합니다. 빛을 실내로 끌어들이고, 실내의 오염된 공기는 밖으로 내보내고 신선한 바깥 공기를 끌어들이죠. 물론 경치를 바라볼 수 있도록 하는 조망도 창문 설치의 주된 목적이지만, 기능적 차원에서 보면 채광과 환기가 더욱 중요합니다.

이러한 창문의 역할을 인체에서는 어떤 기관이 담당할까요? 채광은 사람의 감각계 중 눈을 비롯한 시각기관이 담당하고, 환기는 사람의 허파를 비롯한 호흡기계가 담당합니다. 그런데 건물의 환기는 창문뿐만 아니라 공기조화시스템도 그 기능을 수행합니다. 즉 시각기관은 창문과 짝을 이루고, 호흡기계는 창문 및 공기조화시스템과 짝을 이루는 거죠. 앞에서 비교대상으로 삼은 그 밖의 기관계는 어떨까요? 심장을 비롯한 순환기계는 건물의 급배수위생시스템과, 뼈를 비롯한 골격계는 구조시스템과, 피부계는 외벽과 짝을 이룹니다.

이제 건물의 해당 요소 및 시스템들이 인체의 기관계 역할을 어떻게 수행하는지 비교하며 살펴보겠습니다.

눈에는 눈, 창에는 창

채광이란 빛을 받아들이는 것을 말합니다. 사람의 눈이 그 기능을 담당하죠. 눈은 빛에 굉장히 민감합니다. 또한 다른 신체기관과 마찬가지로 무척 정교하고 복잡하죠. 빛이 눈으로 들어오면 안구 표면의 투명한 막인 각막을 통해 굴절되어 안구의 가장 안쪽을 덮고 있는 신경조직인 망막 위에 모입니다. 망막은 들어온 빛에 대한 정보를 전기적 정보로 전환하여 시신경을 통해 최종적으로 뇌에 전달합니다.

건물은 어떨까요? 건물에서 창문은 대부분 유리로 이루어져 있어서 외부의 빛이 유리를 통해 굴절되어 내부로 들어옵니다. 눈과 창문은 빛을 받아들이는 역할을 수행하는 공통점을 갖고 있는 것이죠. 단, 창문의 경우 실내의 빛도 같은 경로를 통해 외부로 나간다는 점에서 눈과 차이가 있습니다.

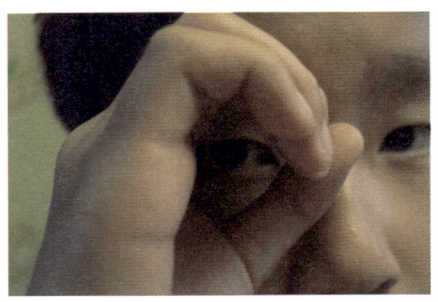

주변의 밝기에 따라 이완·수축하여 눈으로 들어오는 빛의 양을 조절하는 홍채

우리의 눈은 들어오는 빛의 양을 조절합니다. 동공 주위의 홍채라는 조직이 카메라의 조리개와 같은 역할을 수행하는데, 밝은 곳에서는 홍채가 이완하여 동공이 작아져 들어오는 빛의 양이 적어지고, 어두운 곳에서는 홍채가 수축하여 동공이 커져 들어오는 빛의 양이 많아집니다. 주변의 밝기에 대응하는 것이죠. 창문에서도 빛의 양을 조절하는 장치가 따로 있습니다. 바로 루버louver입니다. 루버란 가늘고 긴 평평한 판으로, 수평이나 수직 또는 격자로 창문 유리면의 앞이나 뒤에 설치하여 직사광선과 비를 막고 환기 및 통풍에 도움을 주는 목적으로 사용됩니다.

이러한 루버의 형태와 위치에 따라

창문에 설치하여 건물로 들어오는 빛의 양을 조절하는 루버

실내로 들어오는 빛의 양을 조절할 수 있습니다. 건물의 남측 창문에는 수평루버를 설치하는데, 이는 더운 여름에 태양 빛이 덜 들어오게 하는 역할을 합니다. 반면 추운 겨울에 태양 빛은 상대적으로 많이 들어옵니다. 그 이유는 계절에 따라 태양 고도가 달라지기 때문입니다. 여름에는 태양의 남중고도■가 높고 겨울에는 낮아 루버로 여름의 태양빛은 많이 차단하고 겨울에는 빛을 최대한 막지 않도록 합니다. 그리고 건물의 동·서측 창문에는 수직루버를 설치하는 경우가 있는데, 이 역시 새벽이나 저녁의 태양 빛을 차단하기 위한 것입니다. 태양이 동쪽에서 떠서 서쪽으로 지는 원리에 따라 해가 뜨고 질 무렵의 빛의 방향에 대응하는 것이죠. 루버 중에는 수동식 또는 전동식으로 각도를 조절할 수 있는 것도 있습니다.

■ 남중고도
태양이 지표면과 이루는 각도를 고도라고 하는데 방향으로는 남중고도는 태양이 정남쪽을 지날 때를 말한다.

건물에 눈썹문신을!

시각기관은 아니지만 기왕 눈을 설명한 김에 단짝인 눈썹을 살펴볼까요? 눈썹은 왜 있을까요? 눈썹의 주요 기능 중 하나는 땀이나 빗물, 먼지 등이 눈에 들어가는 것을 막아주는 것입니다. 또한 눈에 그늘을 만들어주어 직사광선으로부터 눈을 보호해주죠. 눈썹이 난 부분의 뼈가 돌출된 것도 이러한 기능을 잘 수행하기 위해서입니다.

땀, 빗물, 먼지 등으로부터 눈을 보호하고, 그늘도 만들어 주는 눈썹

　건물에도 눈썹의 역할을 하는 부분이 있습니다. 바로 창문 바로 위에 설치하는 인방입니다. 인방은 창문이나 문 등 열리는 부분 위에 설치하는 수평부재로, 개구부 위의 하중을 받아주는 구조적인 역할을 합니다. 이러한 인방이 주위의 외벽보다 조금 튀어나

빗물과 직사광선으로부터 창문을 보호하는 인방

온 경우가 있는데 이럴 경우 바로 위에 있는 눈썹의 기능을 함께 수행합니다. 외벽을 타고 흐르는 빗물이 바로 창문으로 떨어지는 것을 막아주고, 창문에 그늘을 만들어주어 직사광선을 일부 차단해주기도 하지요. 이러한 모양과 기능의 유사성으로 건축 시공현장에서는 인방을 '눈썹' 이라고 부르기도 합니다. 최근에는 유리의 방수기능 및 직사광선 차단기능이 향상되었고 커튼월■ 공법을 이용하여 건물 외관 전체를 유리로 하는 경우가 많아 인방을 설치하는 경우가 많지는 않습니다.

아! 신선한 공기여

건물의 환기는 창문과 공기조화시스템이 담당합니다. 사람의 호흡기계는 입과 코에서 시작해 다시 입과 코에서 마무리되는 순환구조를 가지고 있습니다. 우리는 입과 코를 통해 공기 중의 산소를 흡입하고, 그 산소는 기도를 거쳐 허파에 도달합니다. 허파의 기본 단위인 허파꽈리 공간에 도달한 산소는 가스 교환, 즉 에너지 대사를 거치고 이로 인해 발생한 이산화탄소는 다시 기도를 거쳐 입과 코를 통해 공기 중으로 배출됩니다. 신선한 공기를 받아들여 신체의 에너지 대사에 이용한 후 오염된 공기를 내보내는 시스템이죠. 건물도 마찬가지입니다. 실내의 공기는 사람들의 호흡과 내부 공기가 오래 머물러 있으면서 시간이 지날수록 오염되어 갑니다. 따라서 외부 공기와 주기적으로 교환해줘야 하고, 이를 위해 환기를 하는 것이죠.

건물의 환기는 자연환기와 기계환기로 나눌 수 있습니다. 자연환기는 주로 창문을 통해 발생하는데, 외부 바람이 불어와서 환기가 될 수도 있고, 실내 온도가 바깥 온도보다 높아 실내 공기가 팽창, 상승하여 창문의 윗부분으로 나가고 아래쪽에서 바깥의 찬 공기가 들어오면서 환기가 되기도 합니다. 이럴 경우 실내의 위쪽에는 공기가 나가는 배기구를, 하부에는 공기가 들어오는 급기구를 설치하여 환기를 적극적으로 유도할 수도 있습니다. 이 외에도 외벽 내부의 모세관과 같은 구멍을 통해 자연환기 되는 경우도 있습니다.

기계환기는 공기조화시스템의 송풍기, 배풍기 등을 이용해 강제로 환기하는 것입니다. 주거용이 아닌 일반 건물에 주로

기계환기의 배풍기를 통해 실내의 오염된 공기는 외부로 배출된다.

설치하는 공기조화시스템은 환기 외에도 냉방, 난방, 가습을 통해 실내의 공기 상태를 그 공간의 목적에 따라 최적의 조건으로 유지하는 역할을 합니다. 건물 내부에 설치된 공기조화기에서 깨끗한 공기를 만들어 천장 속에 있는 덕트▪를 통해 실내에 설치된 송풍기까지 이동시켜 실내로 공기를 불어 넣습니다. 반면에 실내의 오염된 공기는 배풍기를 통해 외부로 나갑니다. 이렇듯 공기조화기는 인체의 허파, 덕트는 기도, 송풍기·배풍기는 입·코의 역할을 합니다. 우리가 호흡을 하는 것은 폐의 호흡운동에 작용하는 호흡근이라는 장기에 의해 가능한 것이기 때문에 인체의 호흡기계는 건물의 자연환기보다는 장치를 이용하는 기계환기에 가까운 것 같네요.

> ▪ 덕트
> 공기를 옮기기 위해 금속판으로 네모나게 만든 공기통로. 바람이 다니는 길이라고 해서 풍도(風道)라고도 한다.

들어오면 나가고, 나가면 들어오고

앞에서 살펴본 호흡과 마찬가지로 우리의 몸속에서 순환하는 것이 또 있는데요, 바로 혈액입니다. 혈액도 심장에서 출발하여 몸을 순환한 후 다시 심장으로 들어갑니다. 이러한 혈액의 순환을 담당하는 기관계가 순환기계입니다. 순환기계는 심장과 혈액, 혈관, 림프계로 이루어져 있는데 펌프 역할을 하는 심장에서 배출되는 혈액은 혈관이라는 길을 통

해 온몸에 흘러 세포에 필요한 산소와 영양분, 전해질을 전달합니다. 또한 세포의 노폐물과 이산화탄소를 담아 배설기관으로 이동시키고, 내분비샘에서 호르몬을 받아 해당 장기로 전달하죠. 혈관은 크게 동맥과 정맥으로 구분되는데, 동맥은 허파를 거쳐 산소가 풍부해진 혈액을 온몸의 조직에 공급하는 혈관이고, 정맥은 몸을 순환한 후 산소가 없어진 혈액을 심장으로 운반하는 혈관입니다. 이러한 몸의 순환기계와 유사한 건물 시스템이 바로 급배수위생시스템입니다. 앞의 호흡기계와 공기조화시스템이 공기, 즉 '기체'를 매개체로 한다면, 순환기계와 급배수위생시스템은 혈액과 물, 즉 '액체'를 매개체로 합니다.

급배수위생시스템이란 건물 안에 있는 사람의 생활에 필요한 물을 공급하고 사용한 물을 위생적으로 배출하기 위한 시스템으로, 급수 및 급탕, 배수 및 통기, 위생 등으로 구성됩니다. 급수는 상수도나 지하수로부터 물을 공급받아 주방의 싱크대, 욕실 세면기, 욕조, 변기 등에 위생적으로 공급하는 것으로, 온수의 경우는 급탕시스템을 이용합니다. 주택의 경우 단독주택은 수압을 이용한 수도직결식을, 공동주택은 옥상의 물탱크를 이용한 고가물탱크식을 급수시스템으로 많이 사용합니다. 이것이 바로 순환기계의 심장의 역할을 하는 것이죠. 배수는 화장실 및 주방 등에서 사용된 오수 및 잡배수와 빗물 등을 위생적으로 하수도에 배출하는 것입니다. 이를 원활히 하기 위해 통기시스템▪을 이용합니다. 그리고 모든 급수와 배수는 건물의 천장 속 공간과 배관 샤프트 등에 설치된 배관을 통해 이루어집니다. 즉 배관이 순환기계의 혈관과 같은 역할을 하는 것이죠.

이처럼 건물 사용자의 생활에 반드시 필요한 물

심장 역할을 하는 물탱크와 펌프는 건물 사용자에 필요한 물을 공급한다.

을 전달하고 처리하는 급수와 배수는 사람의 순환기계 경로와 상당히 유사합니다. 심장에서 나온 맑은 피가 혈관을 통해 이동하며 제 역할을 하고 오염된 피는 정화를 거치듯 급수가 순환기계의 정맥의 역할을 하고 배수가 동맥 역할을 하여 급수시스템을 통해 제공된 깨끗한 물은 배관을 통해 이동하고 더러워진 물은 배수시스템을 통해 위생적으로 배출됩니다. 한 가지 차이점은 순환기계의 경우 심장에서 나가고 심장으로 들어오는 순환경로를 갖고 있는 반면, 급배수위생시스템은 비순환경로, 즉 외부에서 들어오고 외부로 나가는 경로를 갖고 있다는 것입니다.

뼈 튼튼! 몸 튼튼! 집 튼튼!

건축에는 3요소가 있습니다. 20세기 초반 이탈리아의 건축가 네르비Pier Luigi Nervi가 정리한 것으로, 구조, 기능, 미(美)입니다. '구조'는 건물을 튼튼히 세우는 것을, '기능'은 건물을 그 용도에 맞게 계획하는 것을, '미'는 건물을 아름답게 하는 것을 의미합니다. 모두 다 건물에 필수적인 요소라고 볼 수 있죠. 그런데 이 3요소 중 사람의 안전과 생명에 영향을 주기 때문에 매우 중요한 것이 있는데 그것이 바로 '구조'입니다. 무엇보다도 가장 먼저 고려해야 할, 절대로 양보할 수 없는 요소입니다. 이렇듯 건물을 세우고 안전하게 유지하는 구조시스템은 인체를 세우고 지지하는 골격계와 비교할 수 있습니다. 골격계는 뼈와 관절 그리고 인대로 구성되어 있습니다. 우리의 몸을 지지하고 운동을 가능하게 하며 내부 장기를 보호해주는 역할을 하죠. 뼈는 단단한 조직으로, 사람에게는 206개가 있으며 관절은 뼈와 뼈가 만나서 이루는 부분이고, 인대는 뼈와 뼈 사이를 연결하는 섬유 조직입니다.

건물 구조시스템의 중요한 역할은 건물에 작용하는 힘을 모두 받아 건물을 지탱하는 지반, 즉 땅으로 전달하는 것입니다. 건물에 작용하는

기둥 위에 설치된 보는 상부 슬래브의 하중(힘)을 기둥으로 전달한다. 아파트 지하주차장의 보 · 기둥

■ 내력벽

하중(힘)이 전달되는 벽으로 기둥과 함께 건물을 지지하는 역할을 담당하며, 건물 구조에 영향을 주지 않는 칸막이벽인 비내력벽과 구분됨.

힘에는 건물 자체의 무게와 그 안에 있는 사람, 가구, 설비 등의 무게, 그리고 외부의 눈, 비, 바람, 지진 등에 의한 힘이 있습니다. 듣기만 해도 엄청난 무게가 느껴지는데요. 이러한 힘을 건물의 골조인 바닥, 보, 기둥, 내력벽■, 기초가 순차적으로 받고 전달합니다. 건물 각 층의 바닥에 가해지는 힘은 바닥을 받치고 있는 보를 통해 기둥 및 내력벽으로 전달되고, 최종적으로 땅 속에 있는 기초에 다다른 후 지반으로 전달되는 형태죠. 이러한 구조적 역할을 하는 바닥, 보, 기둥, 내력벽과 함께 지붕과 주계단을 포함하여 건물의 주요구조부라고 합니다. 건물의 골격을 형성하여 구조상 중요하다는 뜻입니다.

구조시스템은 그 재료의 강성도 매우 중요합니다. 건물의 골조는 재료에 따라 목조, 석조, 벽돌조, 철근콘크리트조, 철골조, 철골철근콘크리트조 등으로 구분할 수 있습니다. 주로 주택에 많이 사용하는 석조와 벽돌조는 벽체를 쌓아 올리는 방식(조적식 구조)이고, 목조와 철골조는 기둥, 보 등의 부재를 짜 맞추는 방식(가구식 구조)입니다. 일반적인 건물에 주로 사용하는 철근콘크리트조는 바닥, 보, 기둥, 벽 등의 부재에 대한 조형틀(거푸집)을 만든 후 그 틀 안에 철근과 콘크리트를 넣어 건물 전체를 하나로 만드는 것으로, 일체식 구조라고 합니다. 건물의 구조시스템은 건물에 예상되는 하중(힘)을 검토한 후 철저한 계산을 통해 결정됩니다.

건물의 구조시스템과 인체의 골격계는 건물과 사람을 꼿꼿이 잘 세우고 유지하는, 매우 중요한 역할을 수행합니다. 한 가지 차이점이 있다면 사람의 뼈에 손상이 와서 부러지거나 금이 가는 경우 깁스 등의 치료를 하면 일정 시간이 지나 뼈가 다시 붙어 치료가 되지만, 건물 구조에 손상이 오면, 즉 기둥이나 슬래브가 무너지면 건물 자체가 무너지기 때문에 그 안에 또는 그 주변에 있는 사람에게 큰 피해를 줄 수 있다는 것입니다. 따라서 건물의 구조시스템은 아무리 강조해도 지나치지 않습니다.

건물도 피부 관리가 중요해요

자, 이제 마지막으로 건물의 외벽을 사람의 피부계와 비교해보도록 하겠습니다. 외벽과 피부는 어디에 위치하고 있는지만 잘 살펴봐도 유사하다는 것을 금방 알 수 있죠. 각각 건물과 우리 몸의 겉을 둘러싸고 있는 표피에 해당합니다. 건물의 경우에는 외벽뿐만 아니라 창문도 표피의 많은 부분을 차지하고 있으므로 같이 포함해서 살펴보도록 하죠.

인체의 피부계는 크게 세 부분으로 이루어져 있습니다. 겉에서부터 표피, 진피, 그리고 피하지방입니다. 표피에는 많은 각질생성세포가 있고, 진피에는 혈관, 신경, 땀샘 등이 있으며, 피하지방은 지방세포로 구성되어 있습니다. 피부계의 주요 기능은 외부로부터 신체의 내부 기관을 보호하고, 수분과 전해질이 몸 밖으로 빠져나가는 것을 막으며, 체온을 조절하고, 호흡■을 하며, 감각을 느끼는 것 등이 있습니다.

건물의 외벽과 창문도 이와 유사한 기능을 수행합니다. 외부와의 물리적인 차단을 통해 내부 시설 및 사용자를 보호하고, 외부의 기온 변화에 대응하여 실내 온도를 적당하게 유지하는 데 기여합니다. 건물 밖의 외부환경은 가다듬어지거나 통제되지 않은 자연의 환경 그대로입니다. 직사광선이 내리 쬐고, 비가 오고 눈이 오며, 바람이 불고, 소음이 들리는 그대로의 상황인 것이죠. 이러한 상황을 1차적으로 차단하여 실내를 보호하는 것이 바로 외벽과 창문입니다. 원천적 방어를 하는 것이죠. 특히 비와 지하수로 인한 물의 유입을 방지하는 방수 기능은 매우 중요합

■ **피부의 호흡**
피부도 허파와 같이 산소를 흡수하고 이산화탄소를 방출한다. 하지만 그 양은 허파 호흡의 1%에도 못 미치는 소량이다.

141

외부환경으로부터 사용자를 보호하는 건물의 외벽은 다양한 재료로 만들 수 있다.

니다. 각종 방수재료를 이용해서 지붕부터 지하까지 대기 및 흙과 접하는 모든 부분에는 방수처리를 필수적으로 해야 합니다.

그리고 우리나라와 같이 여름과 겨울의 온도 차가 큰 경우에는 덥고 추운 바깥 기온에 대한 방어가 필요합니다. 이를 위해 외벽과 창문에 단열 장치를 설치하는데 여름에는 외부의 더운 공기 유입을 막고 실내의 시원한 공기 유출을 막기 위해, 겨울에는 반대로 외부의 차가운 공기 유입 및 실내의 따뜻한 공기 유출을 막기 위해 설치합니다. 외벽의 경우 열전도를 방해하는 단열재를 벽체 사이에 넣습니다. 창문의 경우에는 복층유리 또는 이중창으로 제작하여 유리와 유리 또는 창과 창 사이에 공기층을 형성시켜 단열 및 소음 차단 효과를 얻을 수 있게 합니다.

또한 피부와 마찬가지로 건물의 외벽도 호흡을 하는 경우가 있습니다. 바로 흙벽인데요. 건물의 외벽을 흙으로 만들면 숨을 쉬는 효과를 얻을 수 있습니다. 흙은 인공적인 건축자재와는 달리 독성을 갖고 있지 않고, 수많은 간극과 공기, 수분, 미생물 등을 가지고 있기 때문에 외부의 오염된 공기를 받아들여도 자체적으로 정화시켜 실내에 깨끗한 공기를 내뿜어주는, 일종의 호흡을 합니다. 매우 친환경적인 자재인 것이죠. 흙 내부에 많은 공기를 포함하고 있기 때문에 그 자체로 또한 훌륭한 단열재가 되기도 합니다.

진화하는 건물

지금까지 하나의 건물에 필요한 여러 부분과 시스템들을 인체의 기관계와 맞춰보면서 살펴봤습니다. 이외에도 건물 사용자에게 전기와 유·무선 통신을 제공해주는 전기·통신시스템은 인체의 내·외부 자극을 전달, 반응하는 신경계와 비교해볼 수 있고, 건물 내·외부에 설치된 각종 센서시스템은 시각, 청각, 미각, 후각, 촉각 등 우리의 감각기관과 비교해볼 수 있습니다. 또한 건물의 공기조화, 위생, 전기 등의 설비시스템을 모니터링하고 제어하는 중앙감시제어시스템은 우리의 뇌와 비교할 수 있겠죠.

이처럼 건물은 생명체입니다. 건물은 살아있습니다. 또한 진화하고 있습니다. 어제 설계했던 건물보다 오늘 설계한 건물이, 오늘 설계한 건물보다 내일 설계할 건물이 외부의 환경과 내부의 사용자에 더욱 잘 대응할 것입니다. 이렇게 진화하는 건물은 어디를 향하고 있을까요? 그 진화의 목적지는 바로 사람 아닐까요? 적어도 지구상에서는 가장 완벽한 생명체이고 가장 효율적인 기능체인 사람을 건물 설계의 벤치마킹으로 추구하는 것. 그것이 건물이 가고자 하는 지향점이 될 것입니다.

사람의 삶에 있어서 필수적인 요소 중 하나인 '건물'. 과거 인류가 정착생활을 하고 도시가 발생하면서 줄곧 공존해왔으며 앞으로도 영원히 사람과 함께 할 건물은 그 생명을 이어갈 것입니다. 그 안에는 과학의 진화가 함께하겠죠! 사람의 모습을 닮아가는 건물의 끊임없는 '진화'를 기대합니다.

조성행 | 연세대학교 건축공학과에서 '아파트단지와 대규모 생활복리시설과의 이격거리 등급설정 연구'로 박사 학위를 취득했다. 건축설계사무소인 삼우설계에서 일하고 있는 건축가. '신경과학'과 '건축'의 융합 분야인 '신경건축(Neuroarchitecture)'을 통해 '건축공간'과 '사용자의 정신 및 행동' 간의 관계를 규명하여 '증거중심의 건축설계(Evidence-based Design)'를 추구하고자 한다.

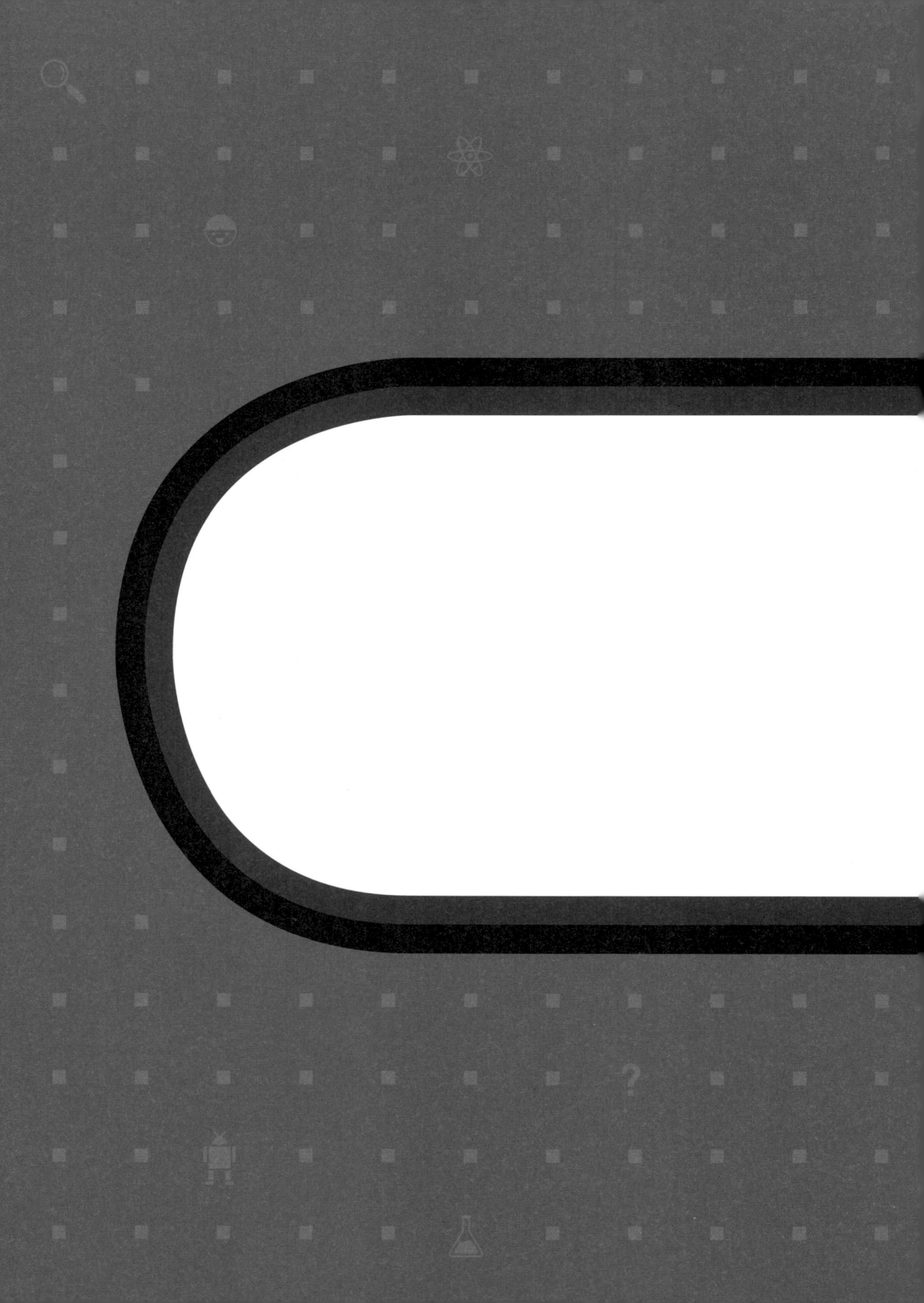

살금살금 다가가 만져보기

| 과학 해부실험실 |

초기 지구에 최초로 생긴 생물은 모두 바다 속에서 생겨났답니다. 물이 자외선을 흡수해주기 때문에 살 수 있었던 것이지요. 이렇게 바다 속에서 시작된 생명은 지구의 전 바다로 퍼져나가며, 진화를 통해 아주 다양한 종류로 나누어집니다.

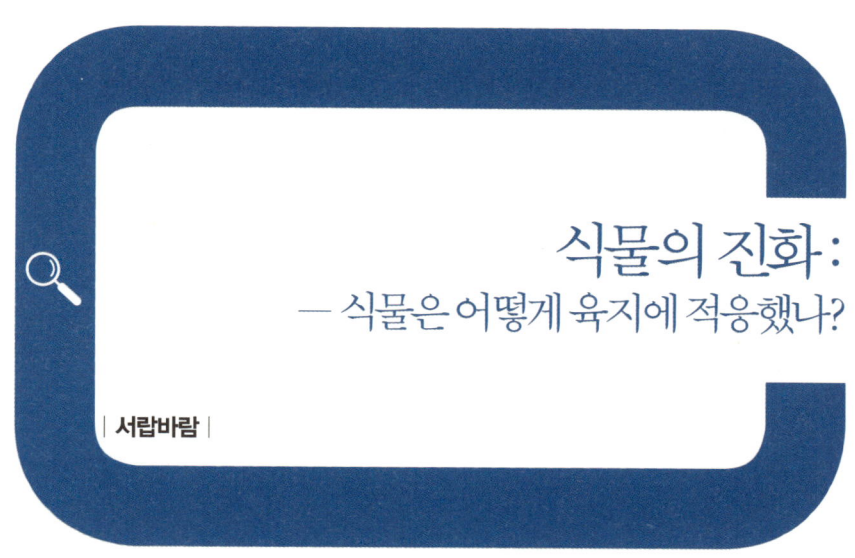

식물의 진화 :
— 식물은 어떻게 육지에 적응했나?

| 서랍바람 |

■　　우리는 대개 잎이 있고, 꽃을 피우고, 열매를 맺는 생물을 식물이라 합니다. 아주 틀린 말은 아니지만, 우리가 알고 있는 식물 중에는 이러한 기준에 딱 들어맞지 않는 생물도 있습니다. 가령 이끼나 고사리 같은 식물들은 꽃을 피우지도, 열매를 맺지도 않죠. 특히 이끼는 뿌리와 줄기, 잎의 구분도 없습니다. 하지만 그렇다고 이끼나 고사리를 식물이 아니라고 하지는 않지요.

어떤 친구들은 광합성을 하는 생물을 식물이라고 생각하기도 합니다. 맞아요. 식물들은 모두 광합성을 하지요. 하지만 광합성을 한다고 모두 식물인 것은 아닙니다. 우리가 좋아하는 김이라든가 미역, 우뭇가사리 같이 물속에 사는 생물들은 광합성을 하지만 식물로 분류하지 않습니다. 하지만 이런 물속의 생물들은 식물과 아주 깊은 관계가 있습니다. 지금 여러분이 보는 식물은 모두 먼 옛날 물속에 살던, 광합성을 하던 생물의 후예입니다. 이들이 육지로 올라와 육지 환경에 적응하는 진화 과정을 거치며 지금의 모습을 갖게 됐죠.

이제 먼 옛날 물속에서 광합성을 하던 생물이 어떻게 육지에 올라와 지금의 모습을 가진 식물로 진화했는지를 설명하려 합니다. 함께 가볼까요?

물속의 식물은 식물이 아니다?

아주 먼 옛날 지구에 아직 생물이 살지 않던 초기에는 지구의 대기권에는 산소가 없었습니다. 그때는 공기의 대부분을 이산화탄소와 암모니아, 메탄 등이 차지하고 있었지요. 산소는 워낙 불안정한 기체라 조그마한 계기라도 있으면 바로 다른 물질과 결합해서 새로운 화합물을 만들기 때문에 공기 중에 남아 있기가 쉽지 않았습니다. 그런데 이런 산소가 없으면 대기권의 높은 곳에 오존층이 생길 수가 없어요. 그래서 초기 지구에는 오존층이 없었죠.

오존층은 태양으로부터 날아오는 자외선을 차단하는 역할을 하는데 오존층이 없던 당시에는 지구 전체가 자외선에 노출되어 있었습니다.

그런데 이 자외선이 생물체에게 워낙 치명적이어서 어떤 생물도 자외선에 무방비로 노출되어서는 살 수 없습니다. 그래서 초창기 지구의 생물들은 모두 바다 속에서 생겨났답니다. 물이 자외선을 흡수해주기 때문에 살 수 있었던 것이지요. 이렇게 바다 속에서 시작된 생명은 지구의 전 바다로 퍼져나가며, 진화를 통해 아주 다양한 종류로 나누어집니다.

물속에서 자라는 조류

이런 생물 중 햇빛을 이용해 물과 이산화탄소를 당(糖)류로 바꾸어 에너지를 저장하는 광합성 생물이 생겨났어요. 흔히 우리가 식물이라고 이야기하는 종류죠. 하지만 생물학자들이 나누는 분류에서 보자면 물속에 살며 광합성을 하는 생물은 거의 대부분이 식물이 아니라 원생식물에 해당하는 조류(藻類)입니다. 이 독립영양생물들은 꽃도 없고 뿌리, 줄기, 잎의 구분도 없죠. 여러분이 먹는 김이나 미역, 톳, 우뭇가사리 같은 생물이 여기에 해당합니다.

바다는 지구 표면의 70%를 차지하는 넓은 곳이긴 하지만, 독립영양생물이 살 수 있는 곳은 한정되어 있습니다. 왜냐하면 바닷물이 자외선만 막는 것이 아니라 햇빛도 함께 차단하기 때문에 수심 100m 아래는 광합성을 할 수가 없기 때문이지요. 그리고 해안가가 아닌 바다 가운데는 독립영양생물들이 자신을 지탱할 수 있는 곳이 없어서 살기가 힘듭니다. 또한 독립영양생물들도 햇빛과 물 말고도 필요한 영양성분이 있는데 그런 영양성분들은 주로 강물이 바다로 들어오는 해안가에 많이 있습니다. 그래서 대부분의 해양 독립생물들은 육지와 접한 해안가에 주로 살았죠. 하지만 점점 바다 속의 독립영양생물들이 많아지면서 조건이 좋은 곳은 붐비고, 경쟁이 치열해졌습니다.

한편 독립영양생물이 광합성을 하는 과정에서 이산화탄소를 흡수하고 산소를 배출하기 때문에 공기 중에 점점 산소의 비율이 높아졌습니다. 그래서 고생대 초기에 이르러서는 대기권의 성층권에 오존층이 형성되기 시작했어요. 즉 생물에게 해로운 자외선을 차단해주는 방패가 지구 전체에 생긴 것이죠.

이런 조건들이 맞아떨어지면서 바다 속의 독립영양생물들 중 일부가 조간대와 민물로 세력을 펼칩니다. 조간대와 민물의 얕은 부분이 독립영양생물들이 육지로 진출하기 위한 교두보가 된 셈이에요.

식물의 영양기관은 어떻게 진화했는가: 뿌리의 생성

육지에 올라와서 처음으로 생긴 문제는 물의 흡수였습니다. 광합성의

초기 육상식물, 이끼

원료가 되는 물을 흡수하지 못하면 식물은 죽어버리니까요. 물속에 있을 때는 독립영양생물 표면의 세포들이 물을 흡수할 수 있으니 별로 신경을 쓸 게 없었지만, 육지에서는 물을 흡수하는 일이 그리 만만치가 않지요. 그래서 초기 육상식물들은 모두 물가에 자랐습니다. 그리고 키도 크지 못했죠. 여러분이 자주 보는 선태류(이끼)가 대표적인 예입니다. 그들은 땅에 딱 달라붙어서 잎처럼 보이는 넓은 엽상체를 펼쳐서 땅으로부터 직접 물을 흡수했습니다. 우리가 아는 식물처럼 뿌리와 줄기, 잎의 구분이 확실한 식물은 아니었어요. 하지만 몸의 모든 부분이 물을 흡수할 수 있지는 않았기 때문에 원시적이나마 개체 내에서 물을 이동시키는 관조직이 조금씩 자리 잡게 되었습니다. 하지만 물가의 습기가 많은 지역은 생각보다 좁아서 식물들은 경쟁적으로 그 자리를 차지하기 시작했죠. 그리고 그 주변의, 표면에 습기가 없는 땅에서 살 방도를 찾는 식물들이 나타나기 시작했습니다. 그런 식물로부터 뿌리가 발달하게 되죠.

표면의 표피세포는 길게 자라 뿌리털이 되고, 이 뿌리털은 삼투압의 원리를 이용해 흙속의 물을 흡수하기 시작했습니다. 식물에게 필요한 여러 무기영양분도 물에 녹은 형태로 같이 흡수가 되지요. 뿌리는 이렇게 흙속의 물을 흡수하는 기능 이외에도 식물이 한곳에 안정적으로 자리 잡을 수 있게 하는 기능도 갖게 되었습니다. 흔히 "뿌리 깊은 나무, 바람에 흔들리지 않고, 꽃 좋고 열매가 많으니~" 하고 표현하듯이, 식물이 자신의 터전에서 꿋꿋이 살아남을 수 있도록 만드는 역할을 한 거지요.

줄기의 생성
이렇게 흡수한 물은 광합성을 하는 잎을 비롯한 몸 전체로 보내야 합니다. 그래서 생긴 조직이 바로 물의 이동통로인 물관입니다. 물관은 뿌리가 흡수한 물을 줄기를 거쳐 잎으로, 위로 보내는 조직입니다. 물관이 중력을 거슬러 물을 끌어올리기 위해 뿌리에서는 물을 흡수하는 힘으로 밀어올리고, 잎에서는 물을 증발시켜 마치 빨대로 물을 빨듯이 끌어올립니다. 이외에도 휴지가 젖은 물을 퍼지게 하는 것과 같은 모세관 현상을 이용하기도 합니다. 양치류나 겉씨식물의 경우에는

물관과 체관이 있는 줄기

헛물관이라고 하고, 속씨식물의 경우에는 물관이라 부릅니다. 같은 기능을 하지만 물관 쪽이 헛물관보다는 물을 끌어올리는 데 좀 더 유능한 편입니다.

한편으로는 잎에서 만들어낸 영양분도 뿌리까지 전달해야겠지요? 그래서 물관의 바깥쪽에 체관이라는 조직을 만듭니다. 여기서는 잎에서 만든 영양분이 대부분의 경우 포도당 형태로 이동합니다.

물관과 체관이 모여서 이루어진 것이 관다발입니다. 줄기는 이 관다발이 통과하는 중간 지지대가 되는 것이지요. 일부 식물은 다른 식물과의 경쟁과정에서 좀 더 햇빛을 많이 받기 위해 계속 키를 키웁니다. 다른 식물보다 위쪽에서 햇빛을 더 많이 받으려는 거지요. 이런 과정에서 체관과 물관 사이에 형성층이라는 부분이 만들어집니다. 이 형성층이 부피생장을 하면서 우리가 아는 나무가 되는 거지요.

잎의 형성

광합성 기능은 어떤 변화의 과정을 거쳤을까요? 광합성을 하기 위해서는 이산화탄소와 물, 그리고 빛이 필요합니다. 물속에 있을 때는 물속에 녹아 있는 이산화탄소를 이용하기 때문에 별다른 기관이 필요 없었지만 육지에서는 공기 중의 이산화탄소를 따로 흡수해야 했습니다. 초기

지구에는 이산화탄소가 매우 풍부하여 별 문제가 없었는데, 식물들이 번성하면서 광합성을 위해 이산화탄소를 자꾸 가져가버려서 공기 중의 이산화탄소 농도가 낮아져버렸어요. 그래서 이산화탄소를 흡수할 수 있는, 넓은 표면적에 얇은 두께를 가진 잎의 모양으로 진화합니다.

잎은 햇빛을 쉽게 받기 위해 넓고 얇은 모양을 갖게 되었습니다. 햇빛을 향하는 면에는 엽록체가 많은 울타리조직세포들이 있어서 대량으로 광합성을 할 수 있죠. 잎의 뒷면에는 이산화탄소를 흡수하고 산소를 배출하기 위한 기공이 아주 많이 있습니다.

이 과정에서 부수적으로 식물은 자신의 체온을 적당하게 유지할 수 있는 방법도 찾아냅니다. 물속은 원래 온도가 잘 변하지 않는 곳이라서 체온 유지에 별 문제가 없었지만 육지는 사정이 달랐어요. 하루에도 밤과 낮의 온도가 다르니 식물은 스스로 자신의 체온을 유지해야 할 필요가 생깁니다. 이때 호흡을 하기 위해 만들어진 기공이 위력을 발휘합니다. 기공은 햇빛이 강하고, 온도가 높은 낮에는 구멍을 통해 수증기를 증발시킵니다. 마치 우리가 더울 때 땀을 흘리는 것과 같은 이치지요. 이를 통해서 식물의 내부 온도가 너무 올라가는 것을 방지하는 것입니다.

이런 과정을 거쳐서 식물은 뿌리와 줄기, 잎이라는 세 기관을 만들어 냅니다. 식물이 생존하고 생장하기에 꼭 필요한 영양분을 흡수, 생성하고 운반하는 이 세 기관을 우리는 영양기관이라고 부릅니다.

식물의 생식기관은 어떻게 진화했나: 포자로 번식하는 식물들

육지생활은 번식에도 새로운 도전거리를 주었습니다. 원래 물속에 있을 때 독립영양생물은 난자와 정자로 번식을 했습니다. 정자는 물속을 헤

엄쳐서 난자에게로 갔고, 거기에서 수정이 이루어져 새로운 독립영양생물이 만들어졌지요. 물고기들의 생식과정과 거의 흡사한 형태입니다. 하지만 육지로 올라오면서 그 과정이 쉽게 이루어지지 않았어요. 실제로 선태류나 양치류는 물속의 독립영양생물과 흡사한 방식으로 번식을 합니다. 포자를 만들고, 만들어진 포자가 퍼져나가 배우체™를 만드는 방식이죠. 배우체에서 다시 장란기와 장정기™가 형성되고 그곳에서 난자와 정자를 만들지요. 이때 만들어진 정자가 난자에게 다가가서 수정을 하면 비로소 포자체™가 형성되는 것입니다.

선태류는 포자체가 엽상체(혹은 배우체)의 끝부분에 아주 조그맣게 매달려 있고, 생의 대부분을 배우체의 형태로 삽니다. 사람으로 치면 정자와 난자로서의 삶이 대부분이고 사람으로서의 삶은 아주 짧은 부분이 되는 것이지요. 하지만 양치류가 되면 상황은 역전됩니다. 배우체로서의 삶이 아주 많이 줄어들고, 포자체로서의 삶이 훨씬 더 길어지죠. 육지 생활에 좀 더 적응한 모습을 보이는 것입니다. 포자체가 식물의 주된 모습이 되고, 배우체는 포자체와 또 다른 포자체 사이의 짧은 번식기로 좁혀집니다.

이렇게 식물이 선태류에서 양치류로 진화했지만 아직 번식방법이 육지에 완전히 적응한 것은 아닙니다. 배우체에서 만들어진 정자는 물이 없으면 이동할 수 없어서 건조한 지역에서는 자랄 수가 없어요. 또한 포자체를 만드는 과정이 개체의 몸 바깥에서 이루어지기 때문에 제대로 이루어지기 힘든 문제도 있습니다. 따라서 배우체가 포자체를 만드

식물의 포자

■ 배우체
식물에서 번식에 필요한 생식기관을 만드는 단수체(n)의 식물. 포자체에 대비되는 말로, 식물이 진화할수록 그 시기가 짧아지고 크기가 작아지는 경향이 있다.

■ 장란기
포자식물의 한 기관으로 번식에 필요한 난세포를 만드는 기관이다. 종자식물의 암술, 포유류 동물의 난소 등에 해당한다.

■ 장정기
포자식물의 한 기관으로 번식에 필요한 정자를 만드는 기관. 종자식물의 수술, 포유류 동물의 정소 등에 해당한다.

■ 포자체
식물에서 수정된 접합자로부터 만들어지는 2배수체(2n)의 식물. 배우체와 반대로 식물이 진화할수록 그 시기가 길어지고 크기가 커지는 경향이 있다.

는 과정을 성체의 내부에서 한다면 더욱 효율적이겠지요. 이런 과정으로
식물은 진화를 시작합니다. 드디어 포자에서 종자(씨앗)로의 전환이 이
루어지는 것이지요.

씨앗으로 번식하는 식물들

종자식물이 되면 배우체로서의 삶은 꽃가루가 난세포와 수정하는 아주
아주 짧은 순간으로 줄어들고 생의 거의 대부분 포자체로 삽니다. 즉 번
식 과정이 아주 짧아지는 거지요. 그리고 포자체가, 우리가 보는 바로
그 모습이 되고, 배우체는 아주 짧은 시기에 잠깐 모습을 드러내다가 사
라집니다.

이 과정에서 만들어진 개개의 씨앗은 외피의 보호를 받는 세포로 이루
어져 있습니다. 그리고 대부분의 경우 씨는 어린 싹이 자력으로 살아갈
수 있을 때까지 필요한 영양분을 갖고 있습니다. 이렇듯 씨앗은 포자보
다 훨씬 효율적이기 때문에 그전까지 지구를 지배하고 있던 양치식물을
물리치고 지구의 새로운 지배자로 군림합니다. 이 시기가 고생대에서
중생대로 넘어가는 시기입니다.

이제 포자체라는 이름보다는 종자라는 이름이 어울리는 식물이 나타
난 것입니다. 우리 주변에서 흔히 볼 수 있는 이런 식물을 겉씨식물이라
고 합니다. 소나무, 은행나무, 메타세콰이어 등이 이에 해당하는 식물들
이죠. 이 식물들은 이제 암꽃과 수꽃을 피웁니다. 수꽃은 그 끝에서 정
자 대신 꽃가루를 날려 암꽃에게 보내지요. 암꽃의 머리에 도착한 꽃가
루는 수란관을 길게 내보내서 정세포(이전의 정자)를 난세포에 보냅니
다. 난세포와 정세포가 만나서 수정을 하면, 우리가 아는 씨앗이 생기는
거죠.

속씨식물의 등장

여러분은 은행꽃이나 소나무꽃을 본 적이 있나요? 아마 거의 없을 거예요. 혹시 봤더라도 '에이, 이게 무슨 꽃이야'라고 했을 겁니다. 왜냐하면 겉씨식물의 꽃은 우리 눈에 아름답게 보이는 꽃잎이 없기 때문입니다. 그냥 수술과 암술만 덩그러니 놓여 있는 모양이에요. 그러니 항상 여러 색깔의 예쁜 꽃잎만 보던 사람들은 꽃이 없다고 생각하는 거지요. 꽃이 꽃잎을 갖게 된 건 사실 곤충의 영향이 큽니다.

앞에서 말했던 것처럼 꽃은 수술머리의 꽃가루를 암술머리로 보내야 하는데, 같은 그루의 꽃이 아니라 다른 그루의 꽃에 있는 암술로 보내고 싶어 하죠. 최초의 종자식물이었던 겉씨식물은 이런 꽃가루의 운반을 바람에 맡겼어요. 그래서 봄에 소나무가 많은 곳을 가면 꽃가루가 많이 날리는 걸 볼 수 있습니다. 하지만 속씨식물은 보다 정확한 운반자와 함께 이 과정을 진행합니다. 바로 곤충과 함께 말입니다.

꽃들은 곤충에게 먹이가 되는 꿀을 제공하고 대신 꿀을 빠는 곤충의 몸에 꽃가루를 묻혀서 다른 그루의 꽃으로 운반을 시키는 것이지요. 이 과정에서 곤충이 꽃을 잘 알아볼 수 있도록 꽃잎을 만든 것입니다. 우리 눈으로 볼 수 없는 자외선 영역을 촬영하는 카메라로 꽃잎을 찍어보면 꽃잎이 곤충에게 꿀이 어디 있는지를 알려주는 과녁과 같은 구실을 한다는 것을 알 수 있어요. 또한 꽃잎은 꽃받침과 함께 곤충들이 편안하게 꿀을 먹을 수 있도록 지지해주는 받침대 역할을 하기도 합니다.

속씨식물로의 진화는 이것만 있는 것이 아닙니다. 앞서 말했던 헛물관의 물관으로의 진화와 더불어, 속씨식물은 씨앗을 감싸는 씨방을 만듭니다. 이제 씨앗은 씨방의 보호를 받으며 보다 안전하게 자신의 일을

할 수 있게 된 것이죠. 그래서 이름도 씨가 겉으로 드러나면 겉씨식물, 씨가 씨방 속에 있으면 속씨식물이라고 부르게 된 것입니다.

씨방의 일은 이뿐만이 아닙니다. 씨방은 과육이 되어 다른 동물의 먹이가 됩니다. 이 과정에서 딱딱한 껍질로 보호된 씨는 안전하게 동물에 의해 먼 곳으로 운반 되지요. 동물의 배설물과 함께 나온 씨는 그 자리에서 싹이 트고, 주변의 동물 배설은 그 동안 잘 삭아서 씨가 튼튼하게 자라는 데 필요한 양분이 됩니다.

또한 속씨식물은 중복수정을 통해 배젖을 형성합니다. 이렇게 형성된 배젖은 배(胚) ■가 어린 식물로 자랄 때까지의 영양분 기능을 하지요. 마치 계란의 노른자가 병아리가 되어 부화될 때까지 흰자가 노른자의 양분 역할을 하는 것과 같습니다.

현재 생태계는 이러한 속씨식물이 가장 많이 번성해 있습니다. 하지만 기후조건이 나쁘고, 식생 환경이 좋지 않은 곳에서는 부분적으로 겉씨식물이 오히려 번성하고 있는 곳도 있습니다. 더 열악한 환경에서는 종자식물이 아니라 선태류나 지의류가 번성하기도 하지요.

장대한 식물의 진화 여행

식물은 물속의 독립영양생물이 비좁은 해안가와 강가를 떠나 넓은 육지로 진출하는 과정에서 정말 많은 진화를 이룩했습니다. 뿌리와 줄기, 잎과 같은 영양기관을 만들고, 꽃과 열매라는 번식기관을 만들면서 최선을 다해 자기가 처한 환경에 적응하려 한 것이지요.

우리 주변에서 보이는 흔한 풀 하나도 수억 년의 시간 동안 식물들이 거쳐 온 진화의 결과라니 정말 놀랍지 않은가요? 우리 주변의 모든 생명들은 이렇듯 치열한 생존 과정을 거치며 살아남았기에 살아 있는 것들은 모두 놀라운 존재들입니다. 여러분 자신도 말입니다!

서랍바람 | 대학에서 물리학을 잠깐 공부했다. 2001년부터 과학, 수학, 논술을 가르쳤으며 뒤늦게 공부하는 재미를 알고 자연과학과 그 주변 학문에 대해 잡식성으로 혼자 공부하고 있다. 가끔 '인문학을 위한 자연과학 강의' 같은 강좌를 성인을 대상으로 열곤 한다.

혈관의 노화가 문제되는 이유는 경직된 혈관이 압력을 높이고 전달속도를 높여 심장에 무리가 가거나, 혈관이 막혀 막힌 조직이 괴사하거나 터지기 때문입니다. 따라서 혈관의 상태와 혈액의 흐름, 이것만 잘 관찰해도 건강하게 살아갈 수 있죠.

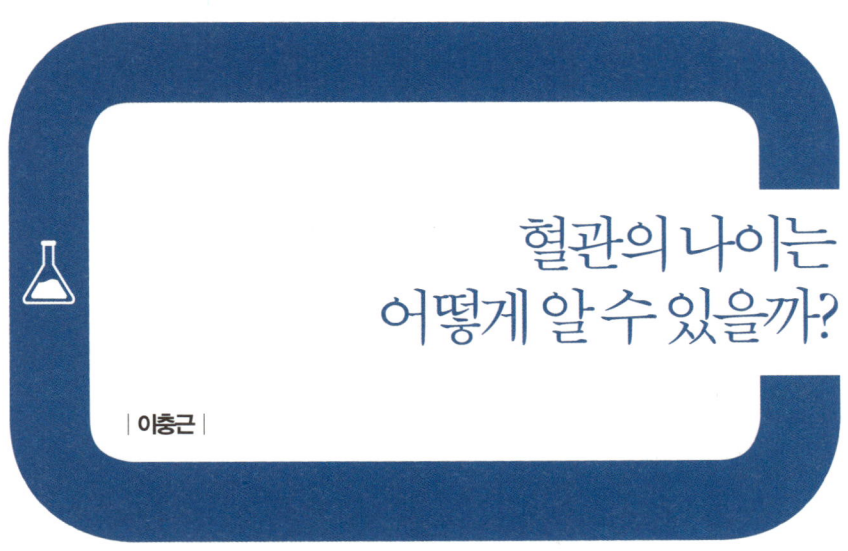

혈관의 나이는
어떻게 알 수 있을까?

| 이충근 |

■   저는 대학에서는 전자공학을 전공했고 현재는 병원에서 심혈
관에 대해 연구하는 연구원으로 있습니다. 조금 독특한 이력이죠? 주로
인체의 가장 큰 혈관인 대동맥의 기능평가를 위한 연구를 하고 있어요.
여기서는 혈관과 심장, 혈액 등에 대해 알아보려고 합니다.

쉬지 않고 일하는 심장과 혈관

우리의 심장은 하루에 100,000번 정도 뛰고, 1분에 약 1.5리터 콜라 3병
분량의 혈액을 밖으로 내보냅니다. 1분에 1.5리터 3병 분량이라니, 정말
어마어마하지 않나요? 가만히 손을 가슴에 얹고 심장이 뛰는 것을 느껴
보세요. 눈으로 볼 수는 없지만 우리의 생존을 위해 심장이 쉬지 않고
뛰며 열심히 일하고 있는 것을 느낄 수 있을 거예요.

이렇게 심장에서 나온 혈액은 동맥 및 모세혈관을 거쳐 전신에 골고

루 퍼지고, 영양소와 산소를 근육이나 각 내장기관에 공급하고 난 뒤 정맥을 통해 다시 심장으로 되돌아옵니다. 심장에서 내보낸 혈액이 다시 심장으로 되돌아오기 때문에 이러한 심장 및 혈관을 우리는 순환계(循環系, circulation system)라고도 부릅니다. 심장이 수축하여 혈액이 내보내지는 때를 수축기, 심장이 다시 혈액을 받아들이기 위해 이완하는 시기를 이완기라고 합니다.

그렇다면 혈관은 어떤 모습으로 어떠한 기능을 수행하고 있을까요.

먼저 사람의 혈관 총 길이는 약 100,000~120,000㎞ 정도라고 합니다. 이는 대략 지구를 두 바퀴 반 정도 돌 수 있는 길이라고 하네요. 혈액은 이렇게 거미줄처럼 복잡하게 얽혀 있는 혈관을 타고 이동하는데, 심장에서 내보내져 지구 두 바퀴 반이나 되는 길이의 혈관을 단 20초 만에 지나 다시 심장으로 돌아옵니다.

심장에서 피를 내보내는 혈관을 동맥, 심장으로 들어오는 피가 흐르는 혈관을 정맥이라고 하며 심장이 힘차게 피를 내보내야 피가 전신으로 흐를 수 있기 때문에 피가 나가는 혈관인 동맥은 정맥보다 훨씬 두껍고 튼튼합니다. 동맥은 다양한 기능을 가지고 있지만 가장 중요한 것은 심장에서 내보낸 혈액을 인체 각 기관에 전달해주는 통로 역할을 하는 것입니다. 정맥은 동맥보다 혈관벽에 미치는 압력이 낮기 때문에 얇은 반면 혈관 수는 훨씬 많습니다. 독특하게 판막이라는 장치가 있어서 피가 거꾸로 흐르는 것을 막아주고 한 방향으로만 흐를 수 있도록 도와주죠.

모세혈관은 동맥과 정맥을 연결하는 다리 역할을 합니다. 아주 얇고 미세한 구멍이 뚫려 있어 이곳을 통해 혈액의 산소와 영양분, 호르몬 등을 조직세포에 전달하죠. 몸에 있는 노폐물과 이산화탄소도 모세혈관을 통해 들어옵니다.

혈액의 전달 : 탄성과 근육

심장에서 연결된 혈관은 뇌, 심장, 신장, 눈 등 다양한 장기와 연결되어 있습니다. 동맥이 늙으면 혈액을 전달하는 기능에 이상이 발생하고 그 결과 장기에 원활한 혈액공급이 이루어지지 않으면서 다양한 질병이 생기죠. 특히 심장에 혈액을 공급하는 관상동맥에 이상이 생기면 심장 세포와 조직이 죽어버리는 괴사가 진행돼 언제 목숨을 잃을지 모르는 위급한 상태에 놓이게 됩니다.

좀 더 깊숙이 들어가 보도록 하죠. 혈관은 주로 내막, 중막, 외막이라는 3가지 막으로 이루어져 있습니다. 구조와 기능에 따라서는 탄력성 동맥과 근육성 동맥, 세동맥으로 나누어 볼 수 있죠. 여기서는 탄력성 동맥과 근육성 동맥에 대해서만 말씀드리겠습니다.

탄력성 동맥은 혈관벽에 혈관의 탄력을 유지시키는 탄력층elastin lamella 이 많은 혈관을 말합니다. 인체의 가장 큰 혈관인 대동맥이 대표적인 탄력성 동맥입니다. 그에 비해 근육성 동맥은 혈관평활근이라 불리는 근육층과 아교질collagen 성분이 많이 형성되어 있고 탄력섬유가 적습니다.

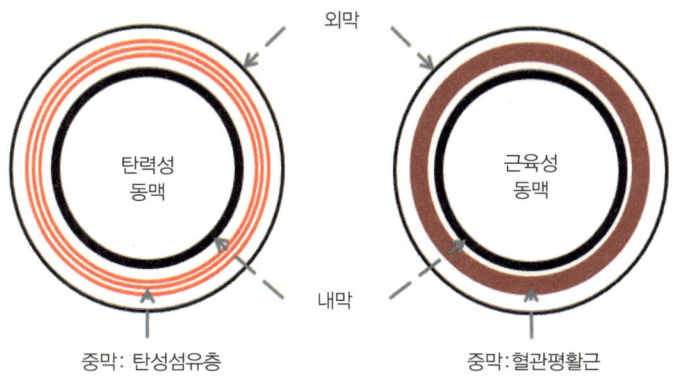

혈관의 구조

주로 말초부위인 관상동맥, 상완동맥, 대퇴동맥 등이 이에 해당하죠.

대동맥의 경우, 심장에서 나온 혈액을 가장 먼저 받아들이게 되니 나오는 피의 양에 따라 빨리 늘어났다가 빨리 되돌아갈 수 있도록 탄력층이 크게 형성되어 있습니다. 근육성 동맥은 심장에서 상대적으로 멀리 떨어져 있고 기계적으로 일정한 양의 혈액을 말단에 전달하기 때문에 탄력성보다는 근육층이 큽니다.

혈관은 탄력과 근육이 잘 유지되어야 혈액이 몸에 잘 돌게 하여 건강한 신체를 유지할 수 있습니다. 그런데 혈관이 막히거나 노화되거나 이상이 생기면 다양한 질병이 발생하겠죠. 심하게는 심장마비, 뇌졸중 등 생명을 위협하는 위급한 상황이 생길 수 있습니다. 따라서 사전에 혈관을 튼튼하게 하는 생활습관을 유지해야 합니다.

그런데 만약 혈관에 이상이 생긴다면 어떻게 해야 할까요? 대부분 혈관은 몸속 깊숙이 있기 때문에 이상이 있는지 없는지 잘 확인할 수 없습니다. 이상 부위를 절개해서 혈관을 직접 검사하는 방법을 쓸까요? 그 방법이 가장 정확할 수는 있지만 위험부담이 크고 회복하는 데도 오랜 시간이 걸릴 것입니다. 특히 혈관 질환은 나이가 들면서 노화되거나 기능이 떨어지기 때문에 할머니, 할아버지같은 노인에게 주로 발병하는데 이분들은 외과적인 수술을 감당하기엔 체력이 떨어져 치료가 쉽지 않을 것입니다.

이러한 한계를 극복하기 위해 과학자와 공학자들은 끊임없이 연구합니다. 그 결과 좀더 정확하고 편한 방법으로 질병을 치료할 수 있도록 하는 검사법과 장비들이 많이 개발되었죠. 이제 혈관에 이상이 생겼을 때 어떤 현상이 벌어지는지, 그리고 기존에는 혈관을 어떻게 검사하고 치료했는지 살펴보겠습니다. 그리고 보다 안전하고 정확하게 치료하기 위해 새롭게 제시되는 다양한 방법과 장비들을 소개하겠습니다.

동맥이 늙으면

동맥이 나이가 들어 늙으면 어떤 현상이 일어날까요? 동맥의 지름은 탄력을 잃어 점점 넓어질 것이고 탄성섬유층이 얇아지며 탄성이 떨어지는 아교질 성분이 혈관에 쌓이면서 혈관벽이 두터워지고 경직됩니다. 동맥이 탄성을 잃으면 수축기 혈압은 증가하고 혈액을 더욱 빠르게 전달하려 합니다. 그 결과 심장에 많은 부담 주어 심장의 근육이 커지고 두터워지죠. 이렇게 혈관벽이 굳는 현상을 동맥경화증이라고 합니다. 즉, 동맥이 노화되면 동맥경화가 발생하는 것이죠.

동맥경화증이 심해지면 압력이 증가하고 심장에서 내보내는 혈액의 전달속도가 증가합니다. 만약 흡연, 고혈압, 당뇨, 바이러스, 잘못된 식생활(고콜레스트롤) 등으로 혈관내막이 손상되었을 경우 혈관벽에 노폐물과 콜레스테롤이 쌓여 혈관벽을 좁히거나 막기도 합니다. 이러한 증세를 '죽상경화증'이라고 합니다. 혈액의 전달을 막기 때문에 뇌, 심장, 또는 신체의 특정기관의 혈류공급이 낮아져 협심증, 뇌졸중, 말초혈관질환 등으로 발전할 수 있죠. 동맥경화증과 죽상경화증을 합쳐 '죽상동맥경화증'이라고도 부릅니다.

이러한 혈관 기능의 변화는 신체 각 기관에 부담을 주고, 그 결과 다양한 심혈관 질환 발생의 위험성을 높입니다. 세계보건기구^{WHO}에서 발표한 심혈관계로 인한 사망인원은 약 17만 명으로, 전 세계 사망원인의 30%에 해당합니다. 따라서 '혈관기능의 나이'를 추정할 수 있어야 심혈관질환의 발병을 예방할 수 있을 것입니다.

그렇다면 나이에 따른 혈관기능의 변화는 어떻게 알 수 있을까요? 위에 말한 내용 중에 답이 있습니다. 우리가 혈관의 압력과 전달속도만 측정할 수 있다면 혈관 나이를 판별할 수 있습니다. 또한 각 혈관의 혈류양을 측정할 수 있다면, 명확하게 어느 혈관이 막혀 있는지 알 수 있겠죠. 병원에서는 혈관계통 질환이 의심되는 분이 오면 혈관이 얼마나 굳어 있는지, 막힌 부분은 없는지 찾아보고 치료를 결정합니다.

심장동맥의 노화와 측정 방법

심장동맥은 머리에 쓰는 관 모양과 비슷하여 관상동맥이라고도 불리며, 심장에 산소와 영양소를 공급할 수 있도록 심장 위에 존재하는 혈관입니다. 대동맥이 시작하는 부위에서 뻗어 나와서 심장을 둘러싸고 있죠.

심장동맥이 좁아지거나 막힐 경우 심장에 원활한 영양을 공급하지 못해 심장조직은 괴사하게 됩니다. 그 결과 협심증, 심근경색증의 질병이 생기고 급사(심장돌연사)로 이어질 수도 있지요.

그렇다면 심장동맥혈관의 이상 유무는 어떻게 검사할까요. 여러 가지 검사를 수행하지만 가장 마지막에 하는 검사는 심장혈관조영술^{angiography}라는 시술입니다. 이는 허벅지 쪽 큰 혈관에 바늘로 구멍을 낸 뒤 카테터라고 부르는 도관(導管)이 심장까지 똑바로 올라갈 수 있도록, 그리고 동맥이 계속 열려 있게 하기 위해 약 10cm가 넘는 유도침을 혈관구멍에 넣습니다.

삽입한 철선을 엑스레이$^{X-ray}$ 영상을 보며 심장동맥 근처에 위치시킵니다. 이후 X-ray 영상에서 혈액을 볼 수 있게 하는 조영제 약품을 관상동맥에 투여하여 심장동맥 영상을 보고 관상동맥이 좁아져 있는지, 좁다면 어느 정도 좁은지 관찰할 수 있습니다. 막혀 있을 경우에는 스텐트^{stent}라 불리는 의료기기를 이용하여 혈관을 인위적으로 확장시켜 원활한 혈액 공급이 가능하도록 합니다.

이렇게 해서 혈관 질병을 치료할 수 있다면 다행이지만 아무리 마취를 한다고 하더라도 바늘로 다리 쪽 혈관에 구멍을 내고 철선을 올바로 집어넣기 위해 10cm가 넘는 큰 바늘을 몸 안에 집어넣는 것은 상당한 고통이 따릅니다. 더군다나 막상 검사해보았을 때 이상이 없거나 원인이 다른 곳에 있다는 판단이 선다면 그 원인을 찾기 위해 다른 시술을 추가로 받을 수도 있으니 비효율적이고 위험합니다. 과학자들은 이러한 현실에 눈 돌리지 않고 개선해보고자 했습니다. 이들은 몸에 구멍을 내지 않아도 혈관의 형태를 관찰할 수 있는 CT 장비를 개발하여 관상동맥을 관찰하는 방법을 만들어냈습니다. 흔히 CT 조영검사CT-angiography 라고 불리는 기술입니다. 이는 바늘로 다리에 있는 동맥을 뚫고, 몸 안으로 철선을 넣을 필요도 없습니다.

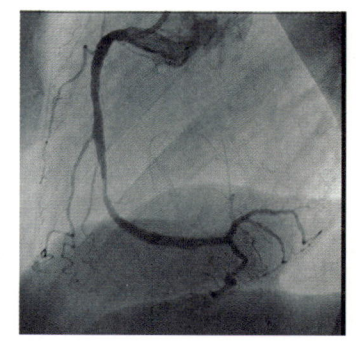

조영제를 복용한 뒤 CT 장비를 통과하여 전신을 촬영하면 디지털영상처리기법을 통해 인체의 혈관을 3차원으로 재구성합니다. 그러면 전신이나 혹은 특정 영역의 혈관을 눈으로 확인할 수 있죠. 굳이 외과적인 시술을 사용하지 않아도 충분히 이상이 있는 혈관을 검출할 수 있습니다.

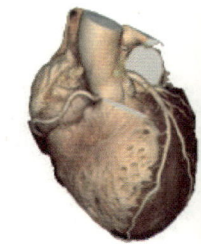

X-ray에서 촬영한 심장동맥 영상과 CT 장비를 통해 재구성한 심장 및 심장동맥

대동맥의 나이는 어떻게 측정할까?

대동맥혈압은 우리가 흔히 병원에서 측정하는 혈압계로는 측정할 수 없습니다. 우리가 보통 써왔던 혈압계는 팔뚝의 혈압만을 나타냅니다. 최근 연구에 따르면 팔뚝에서 측정하는 혈압보다 대동맥혈압이 심혈관계 질환 발생과 더 강력한 관련성이 있다는 결과가 보고되었습니다. 그런데 대동맥은 우리 몸 안쪽 깊숙이 있어서 대동맥혈압을 측정하기 위해서는 압력센서가 부착된 도관을 몸속으로 집어넣어 측정해야 합니다. 필요할 때마다 측정할 수도 없고, 일반적인 자동혈압계와 비교했을 때 상당히 비합리적이고 통증이 수반되는 방법이죠.

이 문제를 해결하기 위해 의사와 공학자들은 수술시 대동맥혈압을 반

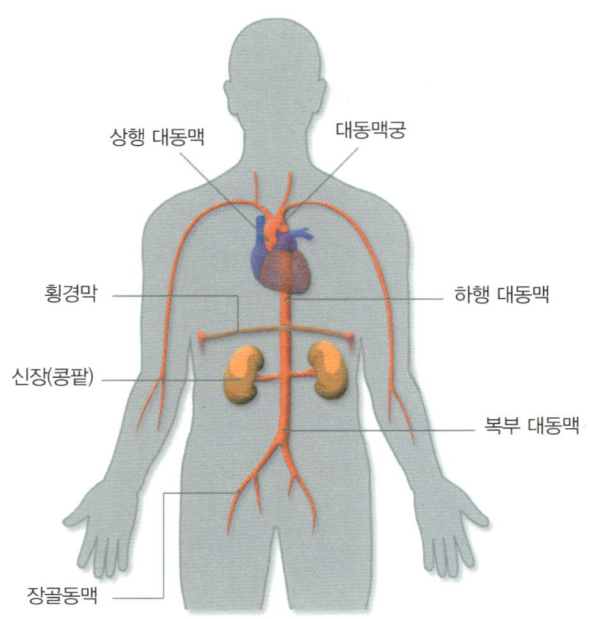

대동맥 해부학적 위치

- 상행 대동맥
- 대동맥궁
- 횡경막
- 하행 대동맥
- 신장(콩팥)
- 복부 대동맥
- 장골동맥

드시 측정해야 하는 환자들을 대상으로 대동맥혈압과 팔뚝혈압, 손목혈압을 동시에 측정하여 이 혈압들 사이에는 일정한 관계가 있고 혈압파형 간에 서로 변환시킬 수 있는 수학식이 존재한다는 것을 발견했습니다. 그 결과 현재는 대동맥혈압을 측정하기 위해 굳이 수술을 하지 않더라도 손목에서 혈압파형을 측정한 뒤 발견된 수학식을 적용하여 측정하고 있습니다.

그렇다면 혈액이 흐르는 속도는 어떻게 잴 수 있을까요? 혈관에 구멍을 낸 뒤 압력센서 또는 혈류센서가 있는 도관을 대동맥에 넣어 측정해야 할까요? 그럴 필요 없습니다. 목에 있는 경동맥과 허벅지의 대퇴부동맥에 압력센서를 대는 것만으로 측정이 가능합니다.

경동맥은 대동맥 시작점과 가장 가깝고, 대퇴부동맥은 대동맥끝점과 가장 가깝습니다. 속도는 거리 나누기 시간이니, 센서 간의 거리를 재고 각각의 동맥에서 맥박이 뛰는 시간차만 구하면 됩니다. 혈액의 전달속도는 동맥간 거리를 맥박의 시간차로 나누어주면 되니까요. 의외로 간단하죠. 이는 맥파전달속도pulse wave velocity라고 불리는 간단한 방법으로, 대동맥 경직도와 질병위험도를 측정하는 데 가장 유용한 방법 중 하나입니다.

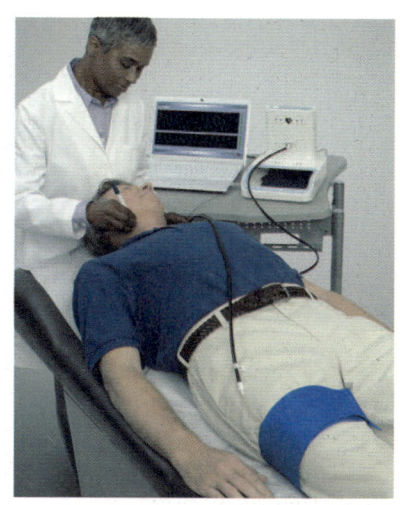
맥파전달속도 측정법

이렇게 측정한 맥파전달속도는 대동맥 전체에 대한 속도입니다. 그런데 혈관의 경직화는 대동맥 전체에서 동시에 이루어지는 것이 아니라 특정 부위에서 유독 심하게 진행되는 경우가 많죠. 따라서 대동맥 전체의 혈액 흐름의 속도가 정상이라 하더라도 특정 부위에서는 혈액의 흐름이 정상적으로 이루어지지 않을 수도 있습니다. 이를 개선하기 위해 공학자와

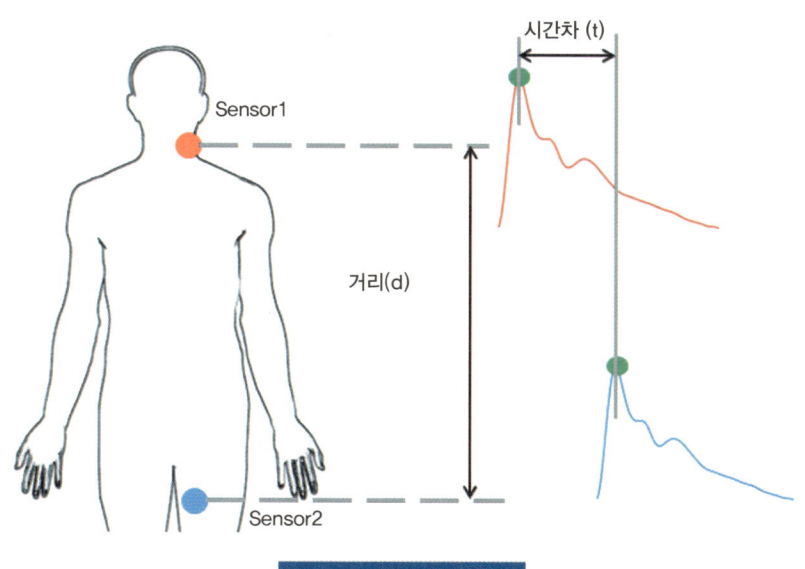

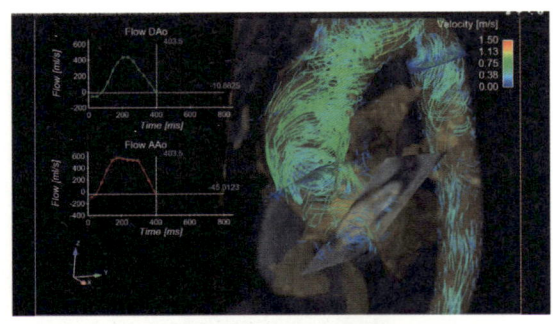
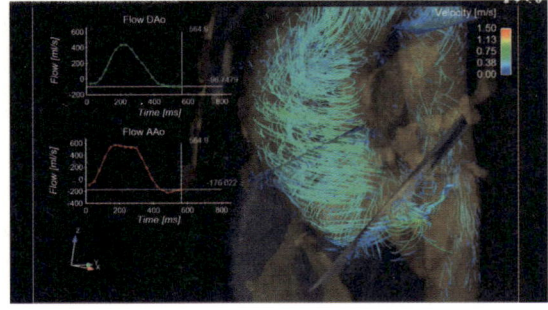

4D MRI로 보는 대동맥 혈류의 변화

과학자들은 4D-MRI 기법을 개발했습니다. 기존 MRI를 이용하여 혈관을 3차원으로 재구성한 뒤 각 MRI에서 측정되는 혈관의 혈류속도 정보를 추가한 것입니다. 이에 대한 동영상은 유튜브에서 4D-MRI를 검색하면 찾아볼 수 있습니다. 이 방법을 이용하면 혈관 각 부위의 속도뿐 아니라 혈관에 구멍이 나서 다른 곳으로 혈류가 새는지도 관찰할 수 있습니다.

혈관의 노화가 문제되는 이유는 경직된 혈관이 압력을 높이고 전달속도를 높여 심장에 무리가 가거나, 혈관이 막혀 막힌 조직이 괴사되거나 터지기 때문입니다. 따라서 혈관의 상태와 혈액의 흐름, 이것만 잘 관찰해도 건강하게 살아갈 수 있죠. 그런데 다시 곰곰이 생각해보면 이것은 혈관만의 문제가 아니라고 생각합니다. 우리의 삶도 경직되고 꽉 막히면 반드시 문제가 생기기 마련입니다.

심화되는 경쟁, 성적에 대한 압박, 쉴 틈 없이 빠르게 돌아가는 하루, 경직된 분위기 등. 오늘날을 살아가고 있는 우리의 모습을 살펴보면 꽉 막힌 혈관처럼 아슬아슬하게 우리의 삶을 위협하고 있죠.

그럼 어떻게 해야 건강하게 오래 살 수 있을까요? 경직되고 압박 받는 상황을 풀어주어야 이런 문제가 해결되겠죠. 우리는 모두 여유를 가질 필요가 있습니다. 특히 성적이나 공부에 대한 압박을 많이 받고 있는 청소년, 미래에 대한 불안감으로 나약해진 친구들, 스트레스를 풀 수 있는 통로가 적은 십대인 여러분에게는 더욱 중요한 문제입니다.

여러분도 생각처럼 일이 잘 풀리지 않거나 압박받는 일이 있나요? 노력은 하고 있는데, 마음만 괴롭고 힘이 드나요? 어쩌면 그것은 노력의 문제가 아니라 문제에 다가가는 방법, 관찰하는 방법이 효율적이지 못하기 때문일 수 있습니다. 혈관을 검사할 때 특성에 맞는 다양한 검사법이 있듯이 자신을 돌아보는 방법 또한 각자에게 적합한 방법이 따로 있을 것입니다. 스스로를 돌아보는 시간을 가끔이라도 가져보는 것은 어떨까요.

한 과학자는 '사람은 자신의 동맥만큼 늙는다'라는 말을 했습니다. 여러분은 아직 충분히 건강하고 튼튼한 동맥을 가지고 있지요. 따라서 지금보다 더 좋아질 수 있고 더 건강한 삶을 살 수 있습니다. 더 행복해질 수 있습니다!

이충근 | 연세대학교에서 의용전자공학을 전공하였고, 전기전자공학 대학원에서 박사 학위를 받았다. 현재 세브란스병원에서 대동맥 기능 평가에 대한 연구를 수행하고 있다. 내 아이는 지금보다 더 좋은 세상에 살게 하고 싶다는 생각으로, 미래 과학자들과 만나기 위해 '10월의 하늘'에 참여했다.

마약에 의해 거짓으로 취해버린 뇌는 약물에 의한 쾌감만을 계속 요구하기 때문에 몸이 정상적인 행동을 하기보다는 약물을 갈구하고 탐닉하는 이상 행동을 나타나는 것이죠. 즉, 마약 중독자는 자신이 뇌를 관리하는 것이 아니라 약물에 의해 뇌를 지배당하는 것입니다.

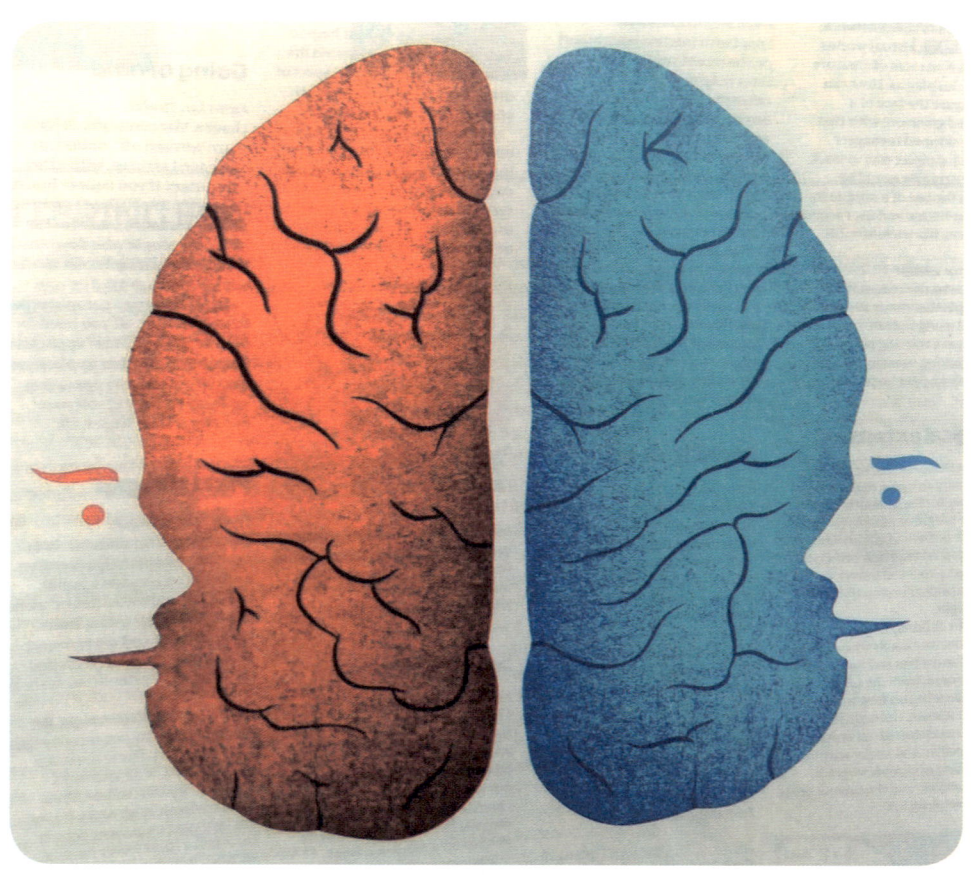

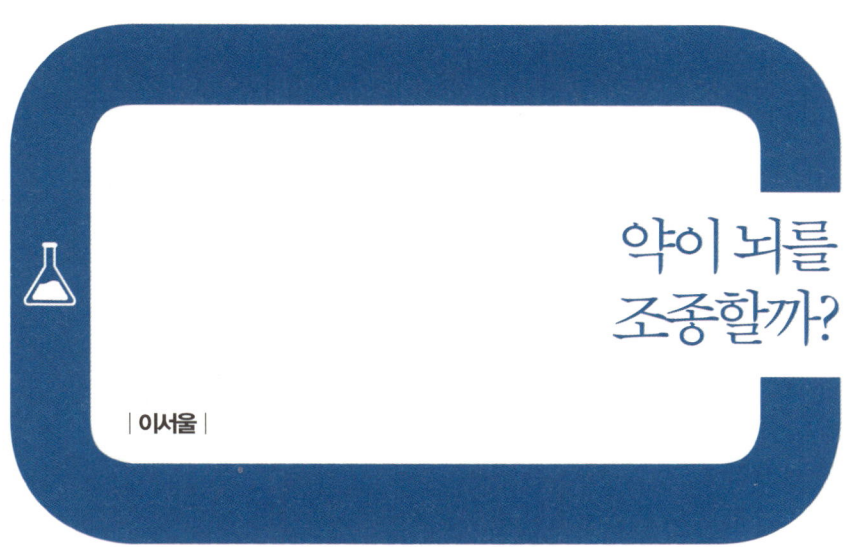

약이 뇌를
조종할까?

| 이서울 |

■   스타크래프트라는 게임을 해본 적이 있는 분이라면 커맨드센터의 역할을 잘 알고 있겠죠. 지휘본부로서 기지의 구심점 역할을 하는 곳입니다. 우리 몸에도 커맨드센터가 있다면 어디일까요. 바로 '뇌'일 것입니다. 머리 속에 자리하고 있는 뇌는 신경세포와 그것을 지지하는 세포들이 집합된 덩어리입니다. 우리가 느끼는 모든 감각을 신경세포를 이용하여 받아들인 다음 그것이 무엇인지를 판단하고, 이를 종합하여 우리 몸에 있는 다른 기관에 작업을 지시하는 기관입니다. 뇌가 우리 몸에서 중추적인 역할을 하기 때문에 의학적 용어로는 중추신경계central nervous system라고 부르죠.

여기에서는 인체의 가장 핵심적인 기능을 수행하고 있는 뇌가 어떤 일을 하는지, 뇌는 어떻게 구성되어 있는지, 그리고 뇌와 신경계는 어떻게 신호전달을 하며 작업하는지 살펴보도록 하겠습니다. 또한 뇌가 아프면 어떤 병에 걸리는지 알아보고 우리 주변에서 뇌의 건강을 해치는 해로운 것들은 어떠한 것들이 있는지 이야기하겠습니다.

뇌 들여다보기

뇌는 우리 몸에서 뼈(두개골)로 싸여 있는 유일한 기관입니다. 우리 몸은 골격이라는 뼈대에 근육이 붙어 있고 이것을 피부로 감싸고 있습니다. 몸통 속의 장기들은 보통 근육에 매달려 있는 것처럼 되어 있는데 유달리 뇌만 머리뼈 안에 쏙 들어가 있는 상태로 있죠. 이것은 매우 중요한 기능을 하고 있어서 보호가 필요하다는 것을 뜻합니다. 머리뼈를 걷어내면 뇌는 여러 겹의 질긴 막(뇌경막)에 둘러싸여 있는 것을 볼 수 있습니다. 그 사이로 피(혈액)가 지나는 공간이 있는데 이는 마치 질긴 주머니 속에 뇌가 둥둥 떠 있는 것과 같죠. 이 막을 걷어내면 뇌가 그 모습을 드러냅니다. 뇌의 생김새는 타원 형태의 공처럼 생겼으며 쭈글쭈글 주름져 있고 말랑말랑한 촉감에 두부를 손으로 만지는 것과 비슷합니다. 무게는 어른의 경우 약 1.4kg정도입니다. 뇌는 아주 많은 모세혈관(실핏줄)이 거미줄처럼 얼기설기 얽힌 모양으로 분포하고 있는데 눈으로는 보기 어려우며, 이것은 뇌가 열심히 일을 할 수 있도록 영양분과 산소를 공급하는 데 중요합니다. 우리가 알고 있는 뇌혈관질환 즉, 뇌출혈, 뇌졸중, 뇌경색 등은 뇌혈관이 망가져서 생기는 병으로, 대부분은 모세혈관이 막히거나 터지기 때문에 생깁니다.

뇌는 맡은 역할에 따라 대뇌, 소뇌, 연수, 시상, 해마 등으로 구역을 나눌 수 있습니다. 예를 들어 생각이나 판단을 하거나, 배고픔이나 갈증을 느끼거나, 미로에서 길 찾기를 하는 등의 일은 눈으로 보고 귀로 듣고 손으로 만져보고 또는 느낌과 같은 것들이 모두 합쳐져서 일어나기 때문에 뇌의 부위와 구역은 서로 밀접하게 연결되어 있습니다.

우리가 두부를 쪼개보지 않으면 그 속이 어떻게 생겼는지 알 수 없는 것처럼 뇌도 겉으로만 봐서는 전체를 알 수 없습니다. 뇌가 아플 때 꺼내어 갈라보고 고친 다음 다시 꿰매어 집어넣을 수 있다면 무척 편리할 텐데 실제 뇌는 함부로 만지면 더욱 망가져버리기 때문에 병원이나 뇌를 탐구하는 연구소에서는 다양한 기기를 통해 확인하고 있습니다. 뇌를 실제로 쪼개지 않고 속을 들여다 볼 수 있도록 만들어진 장치로는 CT, MRI, PET, SPECT 등이 있습니다.

뇌는 함부로 다루면 쉽게 망가져버리기 때문에 병에 걸리거나 기능에 이상 또는 장애가 생기면 고치기가 매우 어렵습니다. 보호막과 뼈가 뇌를 외부 충격으로부터 보호하고는 있지만 매우 약한 부위이고 한 번 다치면 치료하거나 고치기가 매우 어렵기 때문에 항상 조심해야 한답니다.

신호 보내는 뇌

뇌는 신호를 받아들이고 신호를 내보내는 일을 합니다. 그렇다면 신호를 전달하는 과정은 어떻게 이루어질까요? 뇌를 이루고 있는 세포는 일반적인 세포와 생김새나 하는 일이 다릅니다. 뇌를 구성하는 세포를 신경세포, 뉴런neuron이라고 하는데, 신호전달을 위해 전류를 만들어 낼 수 있죠. 신경세포는 전류가 흐르는 전선처럼 우리 몸속에서 연결되어 있으며, 전류를 이용하기 때문에 매우 빠르게 신호를 전달할 수 있습니다. 신경세포를 전선처럼 활용하여 빠르게 전해져 온 신호는 다음 신경세포에게 정

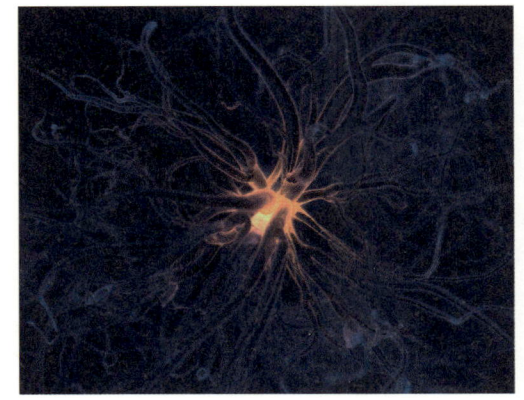

보를 전달하는데 여기에는 또 다른 원리가 숨어 있습니다. 신경세포 사이에는 신경세포연접, 시냅스synapse이라는 틈이 있어서 전기신호가 바로 전달되기 어렵게 되어 있습니다. 따라서 이를 전달하는 데 필요한 신경전달물질neurotransmitter과 수용체receptor가 존재하죠.

신경전달물질은 신호를 전달해주는 전령과 같은 일을 하고 있으며 종류는 30여 가지가 넘습니다. 대표적인 신경전달물질로는 여러분이 한 번쯤 들어봤을 법한 도파민, 세로토닌 등이 있습니다. 도파민dopamine은 매우 정교한 몸의 움직임을 제어하며 세로토닌serotonin; 5-HT은 기분이나 잠에 관여합니다. 그 밖에 판단과 생각에 관여하는 아세틸콜린acetylcholine, 흥분과 깬 상태를 유지시키는 노르에피네프린norepinephrine 등이 있습니다.

수용체는 신호를 받아들이는 세포에 있는 것으로 신경전달물질이 신호를 전달하기 위해 나타나면 이를 감지해서 다음 세포가 신호에 의한 명령을 수행할 수 있도록 도와줍니다. 역사시간에 배웠던 봉수대에서 먼 곳의 봉화신호를 보고 그곳에 무슨 일이 일어났는지 알아보는 방법과 비슷한 역할을 한다고 볼 수 있겠네요.

신경세포는 신호를 만들고 또 다른 곳의 신호를 받아들이는 일을 함께 하면서 신호를 전달하기 위해 특수하게 분화된 체계를 가지고 있는데, 이것은 한 번 망가지면 회복이 무척 어렵습니다.

너무 바쁜 뇌

자, 뇌의 원리를 알아봤으니 뇌가 하는 일에 대해 함께 알아볼까요?

눈을 통해 멋진 풍경과 글씨를 볼 수 있게 하는 것, 귀를 통해 친구들의 이야기를 들을 수 있고 코로 달콤한 솜사탕 냄새를 맡을 수 있고 혀에 닿는 아이스크림의 맛과 시원함을 알아채는 것. 이 모든 것이 뇌에서 하는 일입니다. 또한 뇌는 어머니께 감사의 편지를 쓸 때 생각을 정리해서 손으로 글씨를 쓸 수 있도록 해주며, 선생님이 질문했을 때 대답을 떠올릴 수 있게 하고 그 생각을 입을 통해 조리 있게 말할 수 있도록 합니다. 물론 무척 배가 고프다는 것도, 목이 마르다는 것도 느낄 수 있도록 하고 물이나 음식을 구해 먹을 수 있도록 하는 것도 뇌가 있어서 가능한 일입니다. 이 책을 읽으며 '아, 맞아. 예전에 배웠던 것과 연관이 있네'라며 맞장구를 쳤다면 그것 또한 뇌의 기능 중 하나인 기억과 생각, 연상작용 때문에 가능한 것입니다. 예를 들어 걸을 수 있는 사람 모양의 로봇(휴머노이드 로봇humanoid robot)과 악수하는 상상을 해보세요. 로봇의 촉감은 어떨까요? 차갑고 딱딱할 것이라고 예상할 수 있죠? 인체에는 따뜻한 혈액이 흐르기 때문에 체온이 있지만 로봇은 금속과 기타 특수소재들로만 구성되어 있으니 아버지의 손처럼 따뜻한 온기가 없다는 것을, 로봇을 직접 만져보지 않아도 알 수 있는 것입니다.

뇌를 꺼내어볼 수 없다면?

뇌는 머리뼈(두개골skull) 속에 위치하고 있기 때문에 꺼내어서 연구를 할 수가 없습니다. 그래서 뇌를 직접 꺼내어보지 않고 살펴볼 수 있는 다양한 방법과 기술들이 발전해왔죠. 뇌가 어떻게 이루어져 있고 무슨 일을 하는지 들여다볼 수 있는 방법은 어떤 것이 있을지 함께 살펴봅시다.

과거에는 외부에서 뇌가 정상적으로 작동하고 있는지 아닌지를 살펴볼 수 있는 기계적 검출 방법은 뇌파측정장치 electroencephalography, EEG밖에 없었습니다. 이것은 신경세포에서 신호전달을 위해 사용하는 전기적 흐름을 외부에서 감지하는

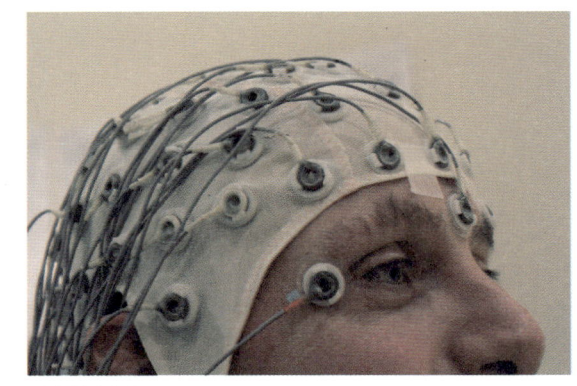

뇌파 측정장치

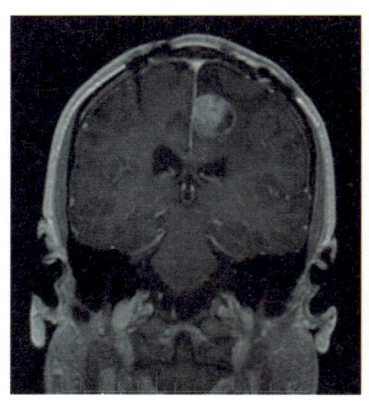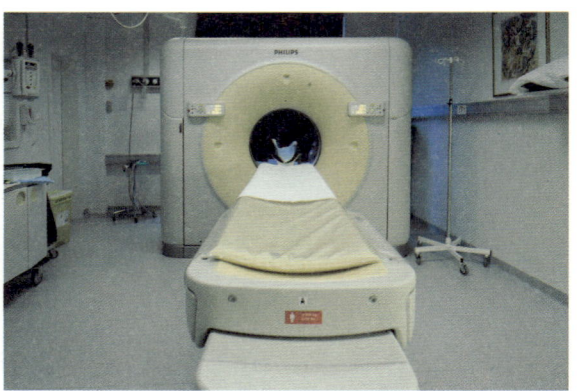

방법으로, 심장이 잘 뛰고 있는지 관찰하는 심전도^{electrocadiogram, ECG}와 같은 방식입니다. 그런데 실제로 뇌의 한 부분이 망가져서 신호가 검출되지 않는다면 왜 망가졌는지 또 지금 그곳에는 무슨 일이 일어났는지 눈으로 볼 수 없으니 어려움이 많았죠. 뇌 과학자들은 공학의 힘을 빌려 우리가 뇌를 직접 들여다보는 방법이 없을까 하고 궁리하기 시작했습니다. 그 과정에서 생긴 기법을 신경-뇌 영상화 기법^{neuro-brain imaging techniques}이라고 합니다. 병원에서는 뇌가 아픈 환자의 어느 곳이 어떻게 망가졌는지를 의사가 알 수 있도록 해주고, 뇌 연구소에서는 뇌 속의 어느 곳이 어떻게 생겼는지(구조영상^{structural imaging}) 그리고 무슨 기능을 하고 있는지(기능 영상^{functional imaging})를 관찰할 수 있도록 도와줍니다. 전산화단층촬영장치^{CT}는 엑스레이를 이용하여 뇌의 단면을 사진으로 보여주는 장치로, 이제는 3차원 입체 영상까지 보여줍니다. 물론 뇌를 들여다보기도 하지만 심장이나 허파 등의 몸속의 장기도 잘 지내고 있는지를 쉽게 보여주는 기계입니다.

자기공명영상장치^{MRI}는 원소의 핵에 존재하는 전자들의 진동을 이용하여 뇌 속을 보여주는 장치입니다. 이제는 형태뿐만이 아니라 잘 기능하고 있는지도 알 수 있도록(fMRI) 해줍니다. 즉 책을 읽고 있을 때는 어느 부위가 관여하는지, 친구와 대화할 때는 어느 부위가 활성화되는

지를 바로 보여줍니다. 노벨생리의학상은 질병을 치료하거나 건강한 삶에 도움을 준 과학자에게 주는데, 2003년에는 MRI를 만들 수 있도록 연구한 과학자들에게 수여되었답니다. 양전자방출단층촬영장치^{PET}라는 장치도 있습니다. 이는 뇌 속의 세포들이 에너지를 잘 사용하면서 일을 하고 있는지를 살펴볼 수 있으며, 주로 방사성 동위원소를 이용하여 뇌 속의 상태를 보여주는 기능영상장치라고 할 수 있습니다.

뇌가 아파요

뇌를 들여다볼 수 있는 장치를 통해 다양한 뇌질환을 살펴볼 수 있습니다. 뇌에 일어나는 질병에는 어떠한 것들이 있을까요. 먼저 온몸이 내 생각과 상관없이 움직이고 비틀리는 간질발작^{epilepsy} 질환이 있습니다. 이는 신경세포가 제멋대로 잘못된 신호를 만들어 주변의 다른 신경세포에 전달되면서 나타나는 병입니다. 뇌의 잘못된 신호전달을 약을 이용해 제어하기 전까지는 잘못된 신경세포를 뇌에서 들어내는 신경외과적 수술을 통해서만 발작을 고칠 수 있었습니다. 뇌의 어떤 부위를 떼어내는가에 따라 말을 못하거나 냄새를 맡지 못하는 부작용이 생기곤 했습니다. 현재는 약물로 치료하는 방법이 더 많이 쓰이고 있습니다.

헛것이 보이거나 환청이 들리면서 매우 이상한 행동을 하도록 하는 정신분열^{schizophrenia}과 정신병은 뇌가 크게 다쳐서 생기는 것이 아니라 신호전달 체계의 균형이 망가져서 나타나는 것이 대부분입니다. 뇌 과학 발전이 있기 전에는 죽을 때까지 격리시키고 가둬두는 것밖에 할 수 없었답니다. 하지만 신경전달물질 도파민의 신경전달회로의 이상으로 이러한 병이 나타난다는 원인이 밝혀진 후로는 약물을 이용하여 증상을 개선시키고 환자들을 치료하고 있습니다.

아무것도 하기 싫고 세상에서 버림받은 기분으로 자살 충동을 유발하

는 우울^{depression}은 최근 우리나라에서 매우 커다란 사회문제로 대두되고 있습니다. 특히 학교에서 공부하는 데 스트레스를 극심하게 받는 청소년들의 자살충동은 가족에게 상실감과 씻을 수 없는 아픔과 상처를 남기기 때문에 무척이나 우려되는 뇌질환 가운데 하나입니다. 이것은 마음의 병이라고도 불리는데, 신경세포 사이의 신호전달 감소에 의해 나타나며 지금은 약물치료로 극복할 수 있습니다. 따라서 우울증이 의심된다면 자신의 의지로 이겨낼 수 있다거나 시간이 지나면 괜찮아질 것이라는 생각으로 방치하지 말고 반드시 병원에 가서 진단을 받고 적극적으로 치료하는 것이 좋습니다.

신경세포는 망가지면 재생이 안 되는 특징을 가지고 있는데, 신경세포가 자신이 만들어낸 독성물질에 의해 죽어버리는 퇴행성신경병^{neuro-degeneration}도 있습니다. 바로 알츠하이머병, 치매, 파킨슨병 등이죠. 기억과 사고(思考)를 담당하는 세포가 사라지면 내가 누구인지, 여기가 어딘지를 알 수 없게 되고 심지어는 가족의 얼굴도 기억할 수 없게 되어 지금까지 지내온 것과는 전혀 다른 사람처럼 되어버립니다. 몸의 움직임을 세밀하게 조절하는 뇌 부위에서 신경세포가 사라지면 몸이 떨리고 흔들려서 걸음을 제대로 걷기가 힘들게 되며 마침내는 내 몸을 마음대로 가눌 수 없거나 움직일 수 없게 됩니다.

지금의 의학기술로는 약물치료나 수술로 완치할 수 없으며 그저 병의 진행을 억제하는 것에 머물러 있습니다. 환자들과 보호자들은 과학자들에 의해 좋은 치료방법과 치료제가 나오기만을 기대하고 있는 실정이기 때문에 미래의 과학자, 의사, 신경학자, 약학자 등을 꿈꾸는 여러분들의 많은 관심과 도전이 필요한 분야입니다.

뇌혈관이 막히거나 압력을 못 견디고 터져버려 생기는 뇌졸중^{stroke}은 혈관 속에 이물질이 쌓인다든지, 고혈압에 의해 혈관이 파열되면서 나타납니다.

어느 곳의 혈관에 이상이 생겼는지, 수술을 위한 위치는 정확하게 어디인지 파악하는 데는 뇌 영상 장치의 도움 없이 불가능했지만, 이제는 뇌를 들여다 볼 수 있는 장치가 개발되면서 쉽게 알 수 있게 되었습니다. 이로써 많은 사람의 목숨을 살릴 수 있었으니 이러한 장치를 개발한 과학자들은 노벨상을 받을 수밖에 없었을 것입니다.

조종당하는 뇌

우리의 뇌와 신경세포는 재생이 안 되기 때문에 조심스럽고 소중하게 관리해야 합니다. 뇌를 건강하게 유지하려면 우리 몸을 전체적으로 관리해야 합니다. 반면에 뇌를 망치는 행동도 있습니다. 가장 대표적인 것이 향정신성약물이나 마약을 복용하는 것입니다.

기분을 좋게 하기 위해, 뇌를 흥분시킬 목적으로 사용하는 약물들은 뇌를 망가뜨리는데 주로 의사의 처방전이 없이 길거리에서 구입하는 것이 일반적이며, 질병을 치료하기 위한 약물의 사용 원칙을 무시하여 사용되고 있습니다. 이러한 종류의 약물은 몸에 해로운데 특히 뇌 기능을 손상시키고 신경세포를 망가뜨려 죽음으로 몰고 가기 때문에 절대로 가까이해서는 안 됩니다. 이는 건강을 잃게 할 뿐 아니라 우리나라를 포함한 세계 대부분의 나라에서 마약이라는 범주에 해당하는 물질의 사용을 법적으로 금지하고 있어 처벌받을 수도 있다는 사실을 알아둬야 할 것입니다.

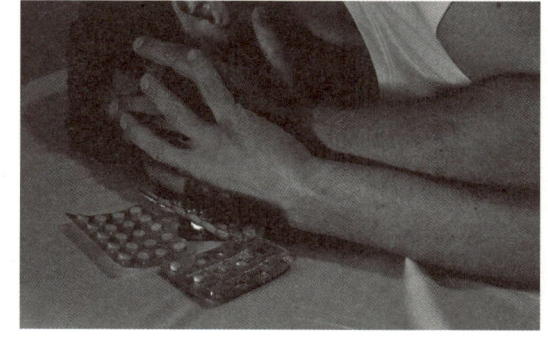

뇌에는 쾌락을 느끼는 영역, 기쁨중추pleasure center'가 있습니다. 우리가 어려운 사람을 배려하는 행동을 하고난 다음에 기분이 좋아지는 것 또한 이곳이 자극되기 때문입니다. 이러한 작용은 지금까지 살펴본 대로 신경세포의 신호전달에 의해 나타나는데, 마약은 기쁨중추를 정상적으로 작동하게 하는 대신 약물을 통해 뇌를 직접 자극시켜 효과를 나타내기 때문에 실제는 뇌를 속이는 것입니다. 마약에 의해 거짓으로 취해버린 뇌는 약물에 의한 쾌감만을 계속 요구하기 때문에 몸이 정상적인 행동을 하기보다는 약물을 갈구하고 탐닉하는 이상 행동을 나타내는 것이죠. 즉, 마약 중독자는 자신이 뇌를 관리하는 것이 아니라 약물이 뇌를 지배하여 몸을 관리하는 것처럼 되어 뇌를 잊어버리게 됩니다. 여러분은 자신의 뇌를 약물의 조종에 맡길 수 있나요? 절대로 일어나서는 안 될 일이겠지요.

마약에 중독된 뇌는 서서히 망가집니다. 신경각성물질로 알려진 필로폰과 코카인에 중독된 뇌는 생각하고 기억하는 부위의 기능이 감소하며 실제로 판단력과 기억력이 떨어집니다. 더 나쁜 마약들은 환각제로 구분하는데 LSD, MDMA, 부탄가스, 본드에 들어 있는 유기용매 등을 흡입하면 뇌 신경세포가 망가지기 때문에 신경세포 손상과 같은 뇌질환을 유발합니다.

술도 많이 마시면 해롭습니다. 특히 아기를 임신하고 있는 경우에는 태아의 뇌 발달을 망가뜨려 정신지체나 기형을 유발할 수 있기 때문에 매우 주의해야 합니다. 물론 사회생활을 위한 적은 양의 음주는 괜찮지만 알코올중독에 이르게 되면 뇌가 손상되기도 합니다. 남들에게 부러움을 받을 수 있는 몸짱이 되고 싶거나, 운동 실력을 늘리기 위해서 사용하는 스테로이드 약물의 사용도 뇌를 병들게 하니 주의하세요.

어머니들은 언제나 음식을 골고루 먹고 특히 채소와 과일을 많이 먹

으라고 당부를 하는데, 여러분들은 어떤가요? 금방 먹을 수 있고 자극적인 맛을 즐길 수 있는 인스턴트 음식이 더 좋다고 생각하지 않나요? 패스트푸드, 인스턴트 음식은 우리 몸에 필요한 필수 영양소의 결핍을 유발하기 때문에 건강 유지에 매우 해롭습니다.

뇌도 마찬가지입니다. 건강한 뇌는 건강한 몸에 의해 유지됩니다. 약물에 의한 거짓 쾌감을 즐기는 것은 우리 몸을 망치는 지름길입니다. 호기심으로, 주위 사람의 유혹으로 선택한 잘못된 행동은 평생을 병원에서 불행하게 살아가게 하거나 가족들에게 회복할 수 없는 고통과 아픔을 줄 수 있습니다.

여러분들이 언제나 건강한 뇌를 유지하고 뇌에 대해서도 관심을 많이 가져서 미래에 뇌에 생겨난 병으로 고통 받고 있는 환자들을 위해 좋은 치료 약물이나 장치를 개발하는 뇌과학자, 뇌공학자, 신경생물학자, 뇌신경전문 의사가 되어보는 것은 어떨까요? 꿈을 갖고 사는 것은 우리의 미래를 밝게 해줍니다. 여러분이 되고 싶고 이루고 싶은 꿈도 여러분의 뇌에서 만들어진다는 것을 잊지 마세요.

이서울 | 원광대학교 의과대학에서 약리학과 신경과학을 가르치며 연구하고 있다. 연세대학교에서 공부하였고, 하버드 의과대학에서 나머지 공부를 했다. '오늘의 과학자, 내일의 과학자를 만나다'라는 메시지에 끌려 '10월의 하늘'에 매년 참석하고 있다. 청소년들에게 과학에 대한 흥미를 주고 싶다.

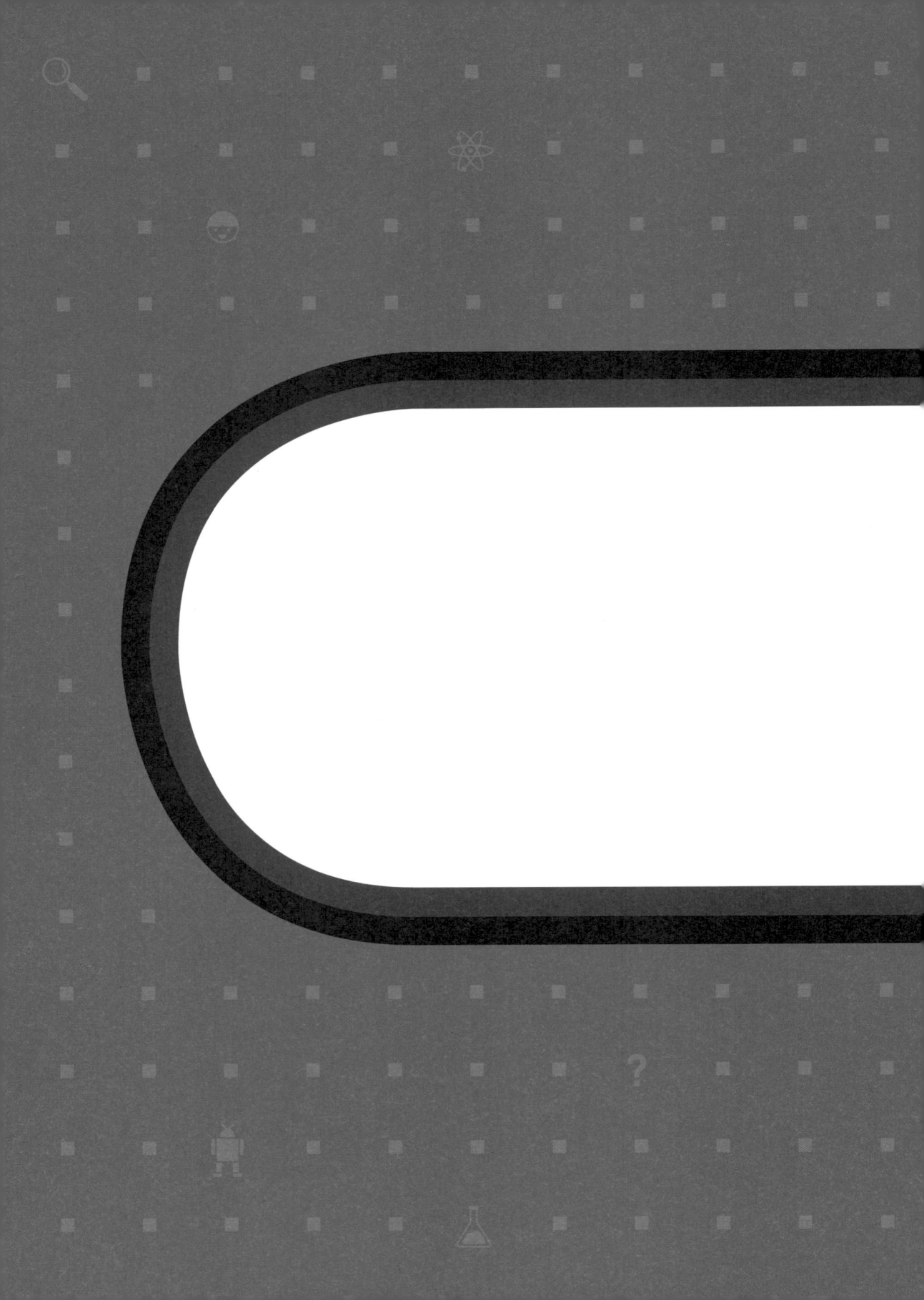

폴짝폴짝 뛰어오르기

| 과학 야외실습실 |

여름엔 너무 덥고 겨울엔 너무 춥고 눈이나 비가 지나치게 많이 오는 지구의 기후가 영 취향이 아니신 분들이 저희 지구설계사무소 문을 많이 두드립니다. 예전에는 외계행성을 찾아 떠날 궁리를 많이 했지만 이제는 그러실 필요가 없어요. 1가구 1주택 시대를 넘어 1가구 1지구 시대! 저희 설계사무소가 마음에 쏙 드는 지구를 직접 설계해드립니다. 개성 있는 지구 하나 장만하세요!

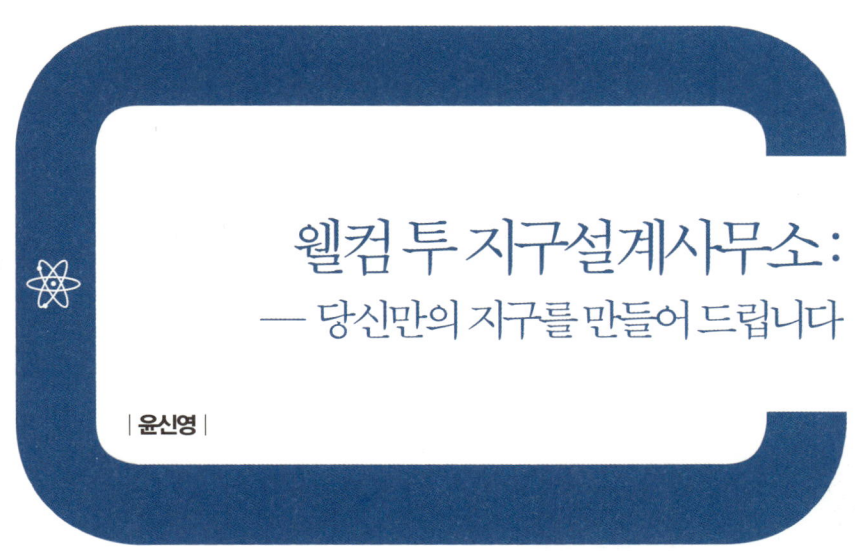

웰컴 투 지구설계사무소:
― 당신만의 지구를 만들어 드립니다

|윤신영|

■　　　어서오세요. 오시느라 고생 많이 하셨죠? 우선 여기 향기로운 차 한잔 드세요.

지구설계사무소에 오신 것을 환영합니다. 지금 살고 계신 지구가 영 마음에 들지 않으신 분, 여름엔 너무 덥고 겨울엔 너무 춥고 눈이나 비가 지나치게 많이 오는 지금 기후가 영 취향이 아니신 분들이 저희 사무소 문을 많이 두드리시죠. 예전에는 지구가 마음에 들지 않으면 외계행성을 찾아 떠날 궁리를 많이 했습니다. 하지만 이제는 그러실 필요가 없어요. 1가구 1주택 시대를 넘어 1가구 1지구 시대! 저희 설계사무소가 마음에 쏙 드는 지구를 직접 설계해드릴 겁니다. 개성 있는 지구 하나 장만하세요.

제 소개부터 드릴게요. 저는 우주 유일의 지구설계사무소 전속 건축가입니다. 우주 건축가 협회, 우주 도시설계가 협회에서 인증한 전문가는 저밖에 없습니다. 저희 설계사무소에서 지은 지구만이 전 우주에서 품질을 보증하는, 안전하고 안락하며 진정 새로운 지구예요. 유사상표가 가끔 있던데 속지 않도록 주의하세요.

자, 고객님이 원하시는 지구를 듣기 전에 저희가 하는 일을 소개해 드려야겠네요. 먼저 사진 한 장을 보여 드리겠습니다. 이게 어디로 보이시나요?

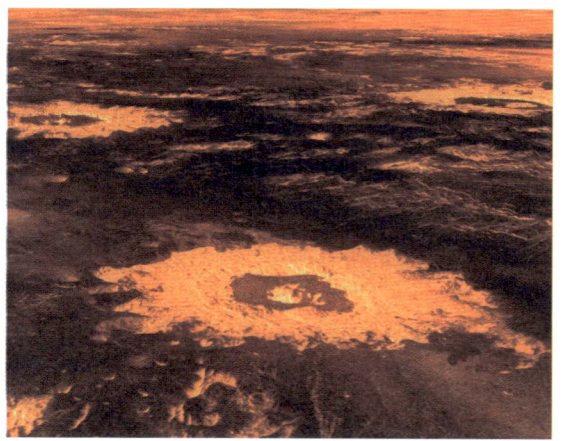
금성의 지표면 모습. 뜨겁고 끈끈한 대기 아래에 지옥 같은 풍경이다. 그런데 놀라지 마시라. 지구에서 공기가 조금 빠져 나가면 머지 않아 지구도 비슷한 풍경이 된다!

황량한 풍경, 짙은 구름. 붉은 대지와 뜨거운 기운이 가득한 대기. 아, 화성 같다고요? 혹시 금성은 아니냐고요? 네? 답이 뭐든 이런 곳에서는 살기 싫다고요? 맞아요. 지표면 온도가 기름이 끓는 온도보다도 높은 462℃에, 기압은 지구의 92배나 되는 곳에서 어떻게 살 수 있겠어요. 금성은 대기의 96%가 이산화탄소로 돼 있고 지구보다 훨씬 두껍고 밀도가 높죠. 비유하자면 지구 대기가 가볍고 맑은 물이라면, 금성 대기는 쫀득쫀득한 꿀이라고나 할까요. 그런 끈적하고 무거우며 뜨거운 대기 아래에 산다니, 이건 단테의 『신곡』에 묘사된 열지옥의 풍경 아닐까요.

하지만 놀라지 마세요. 이곳은 여러분은 이미 살고 있는 곳이에요. 바로 지구거든요. 내가 알고 있는 지구와 너무나 다르다고요? 맞아요. 지구는 지구인데, 아주 약간 조건을 바꾼 지구예요. 아주 약간의 차이가 너무나 큰 결과를 불러오지요. 예를 들어볼까요? 지구 외곽에는 대기권이 있고 공기를 단단히 붙들어 두고 있어요. 그런데 마치 바람 빠지는 풍선처럼 대기권에 구멍이 나서 공기가 조금씩 빠져나간다면 어떤 일이 일어날까요. 공기가 없어서 숨이 막히는 건 둘째 문제예요. 아주 의외의 일이 일어나지요. 바로 금성의 풍경과 비슷해진다는 겁니다.

얼른 이해가 안 가는 일이에요. 공기가 빠져나가는데, 어떻게 지구보다 대기권이 더 두껍고 무거운 금성처럼 될까요. 데이비드 캐틀링David Catling 미국 워싱턴대 천문학과 교수가 2009년 미국 과학잡지 《사이언티픽 아메리칸》에 기고한 연구 결과를 보면 힌트를 얻을 수 있어요. 지구 대기에 구멍이 뚫리면 가장 가벼운 기체인 수소가 빠져나갈 거예요. 수소는 물의 주성분이에요. 수소 원자 두 개와 산소 원자 하나가 결합하면 물 분자가 되잖아요. 그런데 수소가 사라지니 어떤 일이 일어날까요. 수소와 만나 물이 돼야 할 산소가 남으니 결국 암석 속에 있는 철 성분과 결합하죠. 철과 산소가 결합하면 여러분이 잘 아는 녹이 됩니다. 녹은 붉은 빛을 띠죠. 그래서 지구의 풍경이 화성처럼 붉어집니다.

산소 중 일부는 탄소와 결합해 이산화탄소가 돼요. 지구는 점점 이산화탄소가 많아지고, 온실효과가 일어나 더워지죠. 온도가 오르니 물이 다 증발해서 사라져요. 대기가 점점 엷어지니 자외선이 강렬해지고, 증발한 수증기는 다시 산소와 수소로 분해돼 지구를 떠나죠. 물은 이제 극지방에만 조금 남게 돼요. 그 결과는? 바로 여러분이 방금 본 그림이에요. 붉고 뜨거우며 이산화탄소로 가득한, 지옥 같은 풍경이죠.

대기권에 구멍이 난다니 비현실적인 가정이라고 생각하실지 모르겠어요. 하지만 아니에요. 실제로 지구에서는 매 순간 아주 조금씩이지만 수소나 헬륨 같은 기체가 빠져나가고 있거든요. 자기장을 타고 우주 밖으로 튕겨나가기도 하고 고온으로 달궈져 마치 물을 끓일 때 수증기가 주전자 밖으로 나가버리듯 날아가 버리기도 하죠. 화성이나 금성 등 다른 행성도 마찬가지로, 태양계의 행성에서는 보편적인 현상이에요.

지구가 저렇게 될 수 있다니 고개를 절레절레 흔드시는군요. 걱정하지 마세요. 저건 특별한 조건을 가정했을 때일 뿐, 지금 당장 지구가 변하는 건 아니니까요. 뭐, 태양이 서서히 부풀고 있어서 10억 년 뒤에는 10% 정도 더 밝아지고, 20~30억 년 뒤에는 30% 밝아져 지구는 대기와 상관없이 뜨거운 열지옥이 되겠지만, 어차피 고객님은 그때까지 사실 수 없으니 걱정하지 않으셔도 됩니다.

네? 불안하니 역시 새로운 지구를 빨리 장만해야겠다고요? 후후후, 정말 잘 생각하셨습니다. 그럼 바로 모델을 보여 드리도록 하지요. 지구인 중에는 아직 새로운 지구를 설계하신 분이 없지만(고객님이 하신다면 지구인 중 최초입니다!), 외계인 중에는 몇 분 고객이 계시죠. 다들 아주 만족해하며 잘 살고 있답니다. 그럼 기존 설계 모델을 보여 드릴게요.

모델 1. 가볍고 통통 튀는 행성

첫 번째 고객은 꼭 문어 같기도 하고 해파리 같기도 한 외계인이었어요. 개구리처럼 폴짝폴짝 뛰어서 이동하기도 하고, 정말 해파리나 문어처럼 공중을 둥둥 떠다니는 이상한 외계인이었지요. 유명한 게임 중 '스타크래프트'가 있는데, 거기에 나오는 저그 족 같다고 보시면 돼요.

그런데 이 종족이 한 번은 지구를 방문하더니 못 살겠다고 하는 거예요. 그래서 저는 당장 새로운 지구를 설계해서 보여줬습니다. 고객의 주문 요건이 '뛰어 다니거나 둥둥 떠다닐 수 있는 행성'이었어요. 지구는 중력이 강해서 당연히 살 수 없지요. 그래서 어떻게 했을까요.

첫 번째 안은 저중력 설계를 도입한 아담한 행성이었습니다. 중력이 낮아야 뛰거나 공중에 떠서 살기 쉬우니까요. 행성의 중력과 대기에 의한 부력이 평형을 이루는 지점에 생물이 떠서 살 수 있겠다 싶었죠. 그러니까 정말 평생 떠서 살아야 하는 행성이에요. 발상의 전환이지요. 바다의 해파리는 해저에 굳이 앉아서 쉴 필요가 없잖아요? 액체인 물속에서 둥둥 떠서 평생 살아도 아무런 문제가 없죠. 두껍고 쫀득쫀득한 대기 속에서 해파리처럼 떠서 사는 생물이 없을 이유는 없답니다.

그래서 반지름은 6,000km, 질량은 지구의 80% 정도인 행성을 설계했습니다. 금성과 크기가 비슷하죠. 가스가 아닌 암석으로 됐다는 점도 금성이나 지구와 비슷한 특징입니다.

너무 금성과 비슷하다고요? 아니에요. 금성보다 더욱 살 곳이 많도록 대기를 2배로 넣어 드렸어요. 금성보다 더 온실효과가 강하고 더 대기압이 높겠죠. 온도가 너무 높아진다고요? 네, 그래서 태양과의 거리를 지금의 태양과 지구 사이의 거리 정도로 떨어뜨려줬어요. 금성처럼 무덥지는 않을 거예요.

우주생물학에는 생명이 탄생하기 좋은, 항성과 행성 사이의 거리를 따로 구분하고 있어요. '골디락스 영역'이라고 하는데, 쉽게 말해 생명이 살기에 너무

금성의 모습을 재구성한 사진(위)과 두꺼운 대기층의 모습(아래). 위 사진은 실제 사진과 다르다.

뜨겁지도 춥지도 않은 거리예요. 그래야 액체 상태의 물이 존재할 테니까요. 지금 태양계에서는 지구가 바로 그 영역에 속해 있지요.

아무리 그래도 지옥 같은 금성의 풍경과 많이 다르지 않아 보인다고 걱정하시네요. 너무 걱정하지 마세요. 그건 지구에 사는 생명에게나 가혹한 조건이지요. 모든 생명이 지구의 생명과 같다고 볼 이유는 없어요. 그때 찾아오신 고객님처럼 공중에 떠서 살거나 뛰어다니기 좋아하시는 분께는 이런 행성만큼 살기 좋은 곳이 없을 거예요. 제가 장담합니다.

참고로 지상에는 절대 내려가지 말라고 충고했어요. 제가 공기를 금성의 2배나 넣어 드렸기 때문에, 지상에서의 기압도 금성의 2배인 184배

목성형 가스 행성 HR-8799b의 모습. 태양계의 목성보다 크다.

거든요. 바닥에 내려가면 아마 납작하게 찌그러질 거예요. 설마 제 충고를 어기고 지금 행성 바닥에 옴짝달짝 못 하고 붙어 계신 건 아닌가 걱정되네요. 조만간 안부 전화 한번 드려야겠어요.

사실 이 고객 분께는 또다른 지구도 하나 설계해 드렸어요. 바로 목성과 같은 거대한 가스 행성이지요. 이 행성은 굳이 대기권을 두껍게 만들어줄 필요가 없지요. 행성 자체가 가스로 돼 있으니, 가스 어딘가에 둥둥 떠서 살면 돼요. 실제로 외계생명체 전문가 중에는 목성에 생명체가 산다면 이런 형태가 아닐까 생각하기도 한답니다. 생명의 정의는 우리가 지구에서 본 것과 다를 수 있다는 점, 다시 한 번 기억하세요.

넓고 큰 목성형 행성이 제가 보기에는 더 살기 좋을 것 같은데, 짐작하시다시피 규모가 워낙 크다 보니 건설비용이 많이 들어요. 그래서 고객님도 아쉬워하며 포기하시더라고요. 좀더 부유한 고객이 오실 때 적극 권해봐야겠어요.

모델 2. '생각하는 바다'의 행성

두 번째 고객은 아주 특이했어요. 아깐 해파리처럼 둥둥 떠서 사는 외계생명체였는데, 이번에는 아예 해파리가 사는 공간인 바다 자체가 생명체였거든요. 그런 게 어딨냐고요? 유명한 SF소설 중 『솔라리스』라는 작품이 있는데(영화로도 여러 번 나왔어요!), 거기에 실제로 이런 외계생명체가 나옵니다. 〈어비스〉라는 영화에도 액체로 된 바다 생명체가 나오지요. 아주 불가능한 일은 아니에요. 말씀 드렸듯, 생명체의 정의를 우리가 늘 보던 지구 생명체에만 맞추지 말아주세요. 제 고객이신 외계생명체들이 화낼지도 몰라요.

액체형 생명체가 살기 좋은 행성은 어떤 모습일까요. 저는 온통 바다로 둘러싸인 행성을 설계했어요. 실제로 우주생물학자들이 지구 밖에서 지구를 닮은 행성을 열심히 찾고 있는데, 대표적인 후보로 크게 세 가지 행성 유형을 꼽아요. 지구와 닮은 행성, 지구보다 크기는 수 배~10배 정도 큰 '슈퍼지구' 행성, 그리고 바로 물로 뒤덮인, 일명 '오션월드(바다세상)' 행성이에요. 이 중 바로 오션월드 행성을 설계해드린 거지요.

표면이 온통 물로 이뤄진 행성.
진정한 물의 행성은 지구가 아닐 가능성이 있다!

이 행성은 지구처럼 암석과 철 성분으로 된 고체 핵이 있어요. 그런데 맨틀로 가면 지구와 많이 달라집니다. 지구와 비슷한 암석층 맨틀 위에 얼음으로 된 맨틀이 하나 더 있거든요. 수백~수천 킬로미터 두께의 얼음이 행성을 뒤덮고 있는 셈인데, 특이한 건 온도예요. 워낙 두껍다 보니 그 자체의 무게가 압력으로 작용하고, 이 때문에 얼음 맨틀 맨 아래층은 몹시 뜨거운 상태인데 얼음 형태를 유지하고 있습니다. 압력이 높으면 고체가 녹는 온도가 올라가거든요. 뜨거운 얼음이라니, 정말 이상하죠? 더구나 이 행성에서 암석으로 된 하부 맨틀도 지구처럼 방사성 물질의 붕괴열로 펄펄 끓는 상태예요. 그러다 보니 마치 뜨겁게 달궈진 돌 위에 얼음이 놓여 있는 것과 비슷한 상태가 유지되고 있지요.

이렇게 두꺼운 얼음 맨틀 맨 위는 물이 살짝 녹아 있습니다. 지구처럼 암석층이 있는 게 아니라 바로 아래가 얼음층이니까 얼음 외에는 육지가 없지요. 어디를 보나 물 아니면 얼음이 있는 세상. 이것이 바로 오션월드입니다.

저는 자신 있게 이 행성을 고객이신 솔라리스의 외계생명체에게 권했어요. 그런데 의외로 고객님이 좋아하지 않았어요. 이 행성은 생명이 살수 없는 죽음의 행성이라는 거예요. 액체생명체니 바다만 있으면 되는 것 아니냐고 물었더니 화를 내시더군요. 심심하고 외로워서 어떻게 사느냐는 거예요. 생각해보니, 암석이 없으니 지각활동도 없고, 유기물 공급도 없다는 사실을 알게 됐어요. 당연히 다른 생명이 탄생할 수도, 살수도 없는 환경인 거죠. 혼자서는 편히 살 수 있을지 모르지만, 생명이 없는 죽음의 행성은 결코 바람직한 지구가 아니었어요.

그래서 저는 어쩔 수 없이 대안으로 지구와 오션월드의 장점을 조합한 다른 행성을 제안했습니다. 지구와 비슷하지만 바다가 좀더 풍부하고, 바다가 증발하는 일이 없도록 질소를 더 많이 넣어준 행성이었어요. 조금 아쉬워하긴 했지만, 막상 살아보시더니 아주 만족스러워하시더라고요. 역시 지구와 비슷한 행성은 모든 외계생명체가 마음에 들어 하는 조건을 갖춘 것 같아요.

모델 3. 빛으로 대화하는 행성

세 번째 모델은 SF소설 『라마』에 등장하는 외계생명체가 고객이었어요. 이 고객은 대화를 빛으로 했어요. 하고 싶은 말이 있으면 이마 부분에서 무지개와 같은 빛이 싹 지나가지요. 그 내용을 눈에 해당하는 기관으로 보고 이해하는 거예요.

생각해보면 우리 지구의 동물도 시각 정보와 청각 정보를 동시에 이용해 정보를 얻지요. 대화는 많은 경우 소리를 이용해요. 하지만 심해에 사는 생물을 생각해보세요. 스스로 빛을 내서 먹이를 유인하죠. 이렇게 빛을 이용해 다른 생명체와 교류하는 게 가능하다는 건, 대화 역시 빛으로 할 수 있다는 뜻입니다. 이 고객의 주문은 단순명쾌했어요. 빛 공해가 없는 행성을 만들어달라는 거였죠. 마치 심해 생명체가 사는 공간처럼, 빛이 없는 칠흑같이 어두운 행성이 필요했어요.

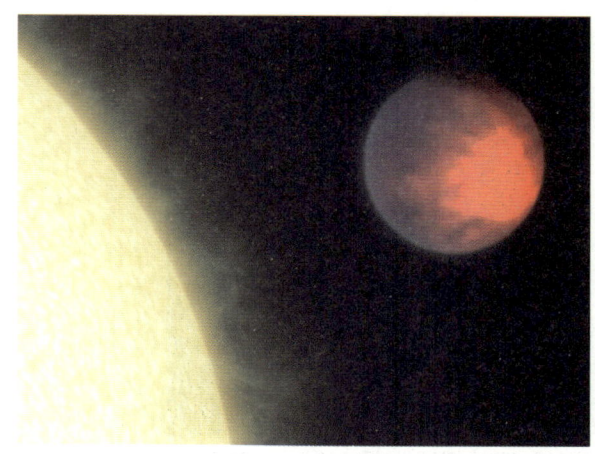

만약 행성의 공전 주기와 자전 주기가 같다면 행성은 별을 향해 늘 똑같은 면만 보여줄 수 있다. 별을 향하지 않은 면은 영원한 어둠에 휩싸여 있을지도 모른다.

이건 어려운 주문이었어요. 행성은 별(항성) 주위를 돌 수밖에 없죠. 그 강력한 빛을 어떻게 피할 수 있을까요. 저는 기발한 아이디어를 냈어요. 지구와 달의 관계를 생각해보세요. 달은 공전주기와 자전주기가 같죠. 그래서 지구에서는 늘 달의 같은 면만을 볼 수 있어요. 지구에서는 달의 뒷면을 절대 볼 수 없습니다. 그런데 놀랍게도, 이건 달이 아주 특이해서가 아니에요. 우주에는 이렇게 공전주기와 자전주기가 같은 천체가 꽤 많이 있거든요. 행성도 예외가 아니라서 자신이 도는 궤도에 있는 항성에서 봤을 때 늘 똑같은 면만 보여주는 행성이 여럿 있답니다. 예를 들어 암석형 슈퍼지구 CoRoT-7b 등이 있지요.

이 사실은 마치 달의 뒷면처럼 절대 항성의 빛이 닿지 않은 행성의 '뒷면'이 있다는 뜻이에요. 이곳은 늘 어두운 밤만 지속되고 있죠. 영원히. 빛 공해는 전혀 걱정할 필요가 없어요. 이곳에 살면 마음껏 빛으로 대화할 수 있을 거예요!

하지만 아쉽게도 문제가 있어요. 빛이 닿지 않으니 너무 춥다는 점이에요. 아마 얼음이 얼어 있겠죠. 반면 반대편인 항성을 향한 면은 늘 빛

엔셀라두스

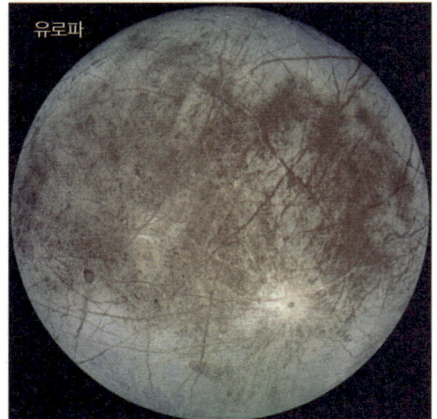
유로파

을 받아 너무 뜨거워요. 그래도 만약 추위를 특별히 좋아하는 외계생명체라면 이 행성의 뒷면도 좋아하지 않겠어요? 다행히 이 생명체는 추위에도 아주 강했어요.

그 사실을 알고 저는 좀더 과감한 두 번째 제안을 했어요. 굳이 새 지구를 짓지 말고 태양계의 위성에 전세를 들라고 권했지요. 주의하세요. '행성'이 아니라 '위성'이에요. 항성(별)을 도는 천체를 행성이라고 하고, 행성을 도는 천체를 위성이라고 해요. 저는 그 중 위성을 몇 개 권했지요.

먼저 목성의 위성 엔셀라두스와 유로파예요. 태양으로부터 멀리 떨어져 있어서 어둡고 표면 온도가 낮고 얼음으로 덮여 있어요. 하지만 그 사이사이에 균열(금)이 많이 가 있답니다. 이 틈을 통해 지각 작용의 결과물인 유기물이 나오고 있어요. 생명체의 '먹이'가 풍부한 셈이죠. 더구나 우주에서 생명에 특히 해로운 강력한 우주 방사선을 막아주는 동굴의 역할도 해요. 굳이 새로운 지구를 만드느라 돈 쓰지 말라는 제 말에도 망설이기에 사진 한 장을 보여줬어요. 위성 엔셀라두스의 남극에서 분출하는 멋진 얼음 분수 사진이었어요. 이웃 위성의 중력 때문에 내부에 있는 맨틀이 압력을 받아 열을 발생시키고, 이 때문에 얼음층이 녹아 분수처럼 치솟습니다. 탐사선에 의해 이 장면이 찍히고 무척 유명해졌는데요, 그 장면이 아주 장관이었거든요. 더구나 토성은 아름다운 고리로 유명하잖아요. 멋진 분수와 고리를 관찰할 수 있는 이런 주거지를 놓치긴 어렵지요. 결국 고객께선 엔셀라두스를 선택해 지금까지 행복하게 잘 살고 계시답니다. 가끔 분수 사진을 보내주시는데 정말 반짝반짝 보석이 빛나는 것 같이 아름다워요.

모델 4. 언제나 시원한 쾌청 지구

이런…… 제가 너무 어려운 예를 들었나 봅니다. 눈이 펑펑 도시는 느낌이네요. 그럼 이번에는 가볍게 지구를 리모델링한 사례를 보여 드릴게요. 한국은 여름이 되면 비도 많이 오고 너무 더워서 힘들죠? 겨울엔 눈도 오고 춥고요. 4계절이 뚜렷해 좋다고 학교에서는 배우지만, 솔직히 좋은지 잘 공감하지 못하는 분도 많죠. 4계절

북서태평양 상공의 구름 모습

없이 내내 봄처럼 화창하거나 초여름처럼 맑고 시원하면 좋겠다고 생각하는 분도 있어요. 그럼 직접 이런 지구를 설계해보면 어떨까요. 가능하냐고요? 대륙과 해양 배치만 바꿔도 충분히 가능해요.

살기 좋은 기후로 꼽히는 곳은 서안해양성기후대입니다. 여름에 선선하고 겨울에는 따뜻하며 비가 연중 고르게 내린다는 점이 특징이에요. 유럽 여러 나라와 호주 남동부, 뉴질랜드, 아프리카 남부 등이 해당돼요. 이 지역은 근처에 따뜻한 해류인 난류가 흐르고 서풍이 분다는 공통점이 있습니다. 이 기후대는 하나 단점이 비가 많이 온다는 점이에요. 비를 좋아하는 분에게는 천국이지만요. 만약 좀 건조한 기후가 좋다면 비가 덜 오는 지중해성 기후의 특성을 섞는 방법이 있습니다. 미국 서부 캘리포니아가 대표적인 예입니다.

그런데 어떻게 하면 가능할까요. 대륙을 잘게 쪼개어 유선형 형태

지구의 구름 분포도. 위도별로 각기 다른 대기의 흐름을 느낄 수 있다.
여기에 바다의 해류 움직임이 더해져 육지의 기후를 만든다.

로 만든 뒤 중위도인 30~60° 사이에 배치합니다. 남반구 북반구 모두에요. 멀리서 보면 지구는 남위와 중위도에 인도 정도 크기의 대륙이 늘어서 있는 모습이 될 겁니다. 이것은 해류의 움직임을 위해서입니다. 지구 자전과 편동풍의 영향으로 적도 바로 북쪽과 남쪽에는 동에서 서로 난류가 흐릅니다. 반대로 60° 지역에는 서에서 동으로 한류가 흐르지요. 그 사이가 바로 거주지가 됩니다. 편서풍 지역이기 때문에 서풍이 불며 적도 부근에서 고위도로 올라온 난류의 영향으로 연중 따뜻한 기온이 됩니다.

주거지역에는 비가 많이 오는 구역과 적게 오는 구역이 동시에 있습니다. 하강기류가 발달한 저위도(30~40°)는 건조한 기후가 나타나는 대신 조금 더 따뜻하고, 상승기류가 있어 비와 안개가 자주 보이는 고위도(40~60°)는 습한 기후가 됩니다. 습해도 강우량은 일정할 테니 걱정은 안 하셔도 됩니다.

이런 생각에 근거가 뭐냐고 묻는 고객님이 계셔서 잠시 설명을 드리면요, 지구는 대륙 배치에 따라 실제로 기후가 많이 달라졌답니다. 예를 들어 공룡이 살던 중생대 시기에는 지구의 대륙이 모두 모여 하나의 거대 대륙인 판게아를 이뤘습니다. 이 시기 지구는 무척 따뜻했습니다. 대기중의 이산화탄소 양이 지금의 4~10배 정도 많기도 했습니다만, 대륙이 적도를 중심으로 남북으로 크게 분포하고 있었던 점도 이유 중 하나

랍니다. 그러니까 거대하게 뭉친 대륙은 무더운 지구를 만드는 요인인 셈이죠. 제가 잘게 자른 대륙을 적도가 아닌 중위도에 배치한 데는 이런 이유가 있어요.

에필로그. 고정관념을 버린 행성들

지금까지 생명체가 살 만한 조건을 고려한 행성 모델을 네 가지 보여 드렸습니다. 이 중 마음에 드는 행성이 혹시 있으신가요. 없다면 직접 주문 사항을 말씀해주시면, 저희 설계사와 엔지니어가 함께 머리를 맞대고 원하시는 형태를 만들어 드리겠습니다.

지구와 비슷한 생명체가 살 수 있는 행성이 있다면 과연 어떤 모습일까. 혹시 지구와는 아주 다른 생명체가 사는, 아주 다른 행성도 존재하지 않을까.

혹시 꽈배기 모양이나 도넛 모양으로 만들어달라고 하시는 건 아니겠죠? 그런 행성은 만들 수는 있지만 지속되기가 거의 불가능하거든요. 소행성을 제외하고, 충분한 질량을 지닌 모든 행성은 구(球) 또는 적도 방향으로 약간 긴 구 형태를 띨 수밖에 없답니다. 그게 가장 안정적인 형태이기 때문이에요. 자전을 해야 하니 어쩔 수 없겠죠.

살고 싶은 지구를 직접 만든다는 아이디어가 어떠셨나요. 지금 우주생물학자들은 지구에 생명체가 탄생해 번성하게 된 이유를 분석해 비슷한 조건을 갖는 외계 행성을 찾기 위해 노력하고 있습니다. 하지만 이런 방식으로는 지구에 있는 생명체와 비슷한 생명이 살 수 있는 행성만 찾을 수 있겠죠.

우주에 생명체가 있는지, 있다면 어떤 모습일지는 아무도 모릅니다.

『솔라리스』의 액체 생명체처럼 우리가 아는 생명체의 정의를 완전히 벗어난 생명도 있을 수 있고, 공기 중에 붕붕 떠서 사는 고정관념을 깬 부유형 생명체도 얼마든지 가능하지요. 이렇게 다양한 생명체가 살 조건을 전혀 반대로 '만들어'보자는 것이 저희 설계사무소가 하는 일입니다. 생명에 대한 판에 박힌 상식을 깨고, 생명이 살 수 있는 행성의 모습에 대한 편견을 확실히 깨는 계기가 됐으면 좋겠어요.

자, 이제 결단의 시간입니다. 주문을 하실 건가요, 말 건가요. 저희는 우주에서 아주 유명하기 때문에 주문하고자 하는 고객이 밀려 있어요. 가까이는 센타우리 알파의 행성에 사는 외계생명체부터, 멀리 안드로메다에서 온 외계생명체까지 지금 전화를 기다리고 있습니다. 오래 기다릴 수가 없어요. 지구인 중에서 첫 번째 고객이 돼 자신만의 지구를 갖고 싶으시다면 지금 당장 말씀해주세요. 그러자면 '살고 싶은' 지구의 모습이 명확해야겠죠? 자, 당신이 살고 싶은 지구의 모습을 이야기해주세요. 어떤 지구에서 어떤 생명체와 함께 살고 싶으신가요?

*참고 : 이 글은 《과학동아》 2012년 7월호 특집기사 〈완벽한 지구 만들기〉 기사 중 일부를 바탕으로 '10월의 하늘' 강연을 한 뒤, 이를 다시 새로운 형식으로 재구성한 글입니다. 천문학자 이명현 박사와의 대담 내용을 가상의 이야기로 꾸몄습니다.

주의! '지구설계사무소'의 유사 상표들

아래 기술은 저희 지구설계사무소와는 아무 관계가 없는 유사상표예요! 목적도 다르고 내용도 다른 기술이니 혼동하지 마세요. 오직 저희만이 우주에서 공인 받은 지구설계사무소입니다!

1) **지구공학**: 지구를 만드는 공학이라고 착각하기 쉽지만, 아니에요. 지구공학은 요즘 지구에서 문제가 되는 기후변화 문제를 해결하기 위한 기술들이에요. 바다에 조류를 키워서 대기중 탄소를 흡수하거나, 우주에 반사경을 보내 태양열 반사율을 높여 기온을 낮추는 식이지요. 작은 입자를 대기중에 뿌려 마치 구름이 낀 것처럼 빛을 차단하는 방법도 연구되고 있습니다. 지구를 뚝딱뚝딱 만드는 저희와는 완전히 다른 기술이에요. 참고로 지구공학은 기후변화를 기술적으로 해결할 수 있다는 희망도 주지만, 또 다른 기술에 의존해 문제를 풀려 한다는 비판도 받고 있습니다.

2) **테라포밍**: 단어의 뜻을 풀이하면 '지구를 만들다'입니다. 하지만 실제로 지구를 만드는 건 아니고, 화성 등 다른 행성을 지구처럼 녹색으로 만드는 기술입니다. 미생물과 식물 등을 차츰 도입해 물과 산소가 풍부한 환경을 만드는 방법으로, 인류가 다른 행성으로 이주하기 위해 연구 중이지요. 물론 아직은 먼 미래의 이야기고, 따라서 완전히 상상입니다. 실제로 다른 행성을 지구처럼 바꾸는 게 가능할지, 윤리적으로 옳을지 등은 계속 논의해봐야겠지요.

윤신영 | 《과학동아》 기자. 대학과 대학원에서 도시공학과 생명공학, 환경학을 공부했다. 로드킬에 대한 환경 기사로 2009년 미국과학진흥협회(AAAS) 과학언론상을 받았다. 『노벨도 깜짝 놀란 노벨상』, 『백인천 프로젝트』(공저) 등을 쓰고 『소셜 네트워크』를 번역했다. 외계 행성을 만들어 파는 가상의 '사기꾼'이 된 '10월의 하늘' 강연을 하고, 한 어린이 청중에게 '이제는 사기치지 말고 착하게 사세요'라는 엽서를 받았다. 오래오래 유쾌한 기억으로 남을 것 같다.

우리 삶에서 없어서는 안 될 교통수단인 배와 비행기, 자동차 등을 만들기 위해서는 물과 공기에 대한 지식이 필수입니다. 배가 뜰 수 있게 하는 물의 부력, 비행기를 날 수 있도록 하는 공기의 양력 등을 잘 알아야 하죠. 더 나아가 공기가 없는 우주로 날아가는 우주왕복선도 지구를 벗어나는 순간이나 돌아올 때는 대기권을 통과해야 하기 때문에 우주과학, 공학 분야에서도 공기에 관한 많은 연구가 필요합니다.

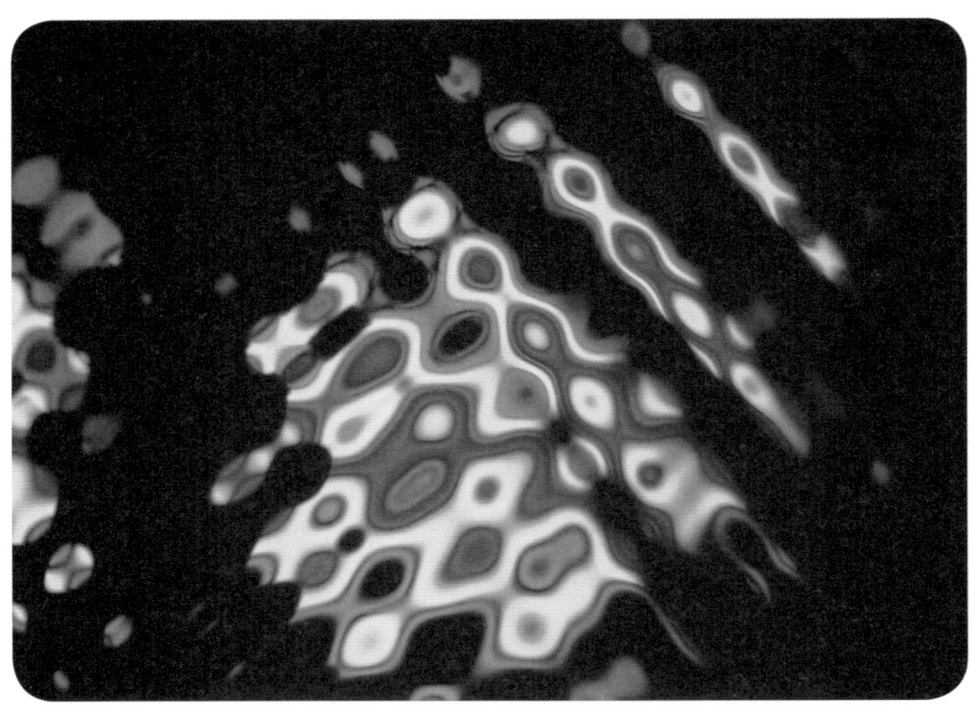

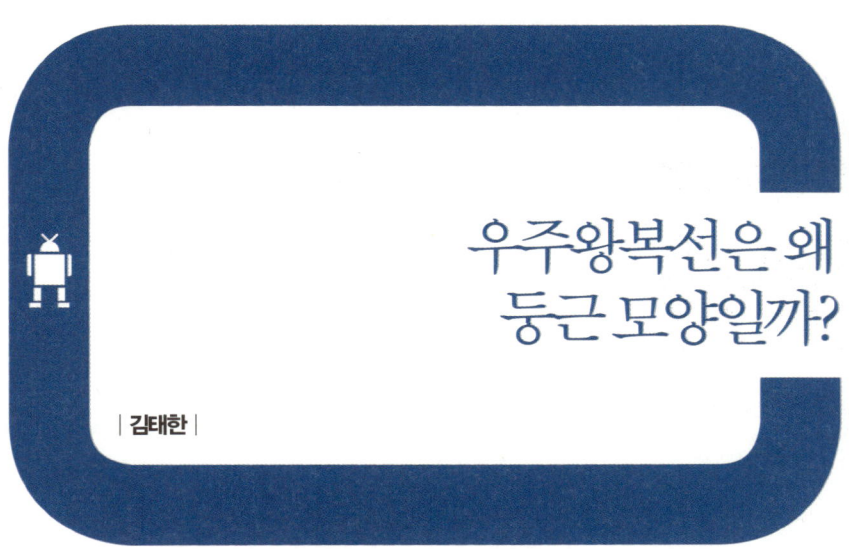

| 김태한 |

우주왕복선은 왜 둥근 모양일까?

물과 공기의 과학, 유체역학이란?

잠실야구장보다 몇 배나 더 큰 배가 어떻게 물 위에 뜰 수 있는지, 수백 명을 태운 거대한 비행기가 어떻게 날 수 있는지, 로켓은 뾰족하고 날카로운 모습을 하고 있는데 우주왕복선은 왜 둥근 모양인지 물음을 가져본 적 있나요? 이러한 궁금증을 풀어내기 위해선 물과 공기에 대해 잘 알아야 합니다.

물과 공기를 조금 어려운 말로 유체(流體)라고 합니다. 흐르는 물체란 뜻이지요. 이를 공부하는 학문이 유체역학입니다. 우리가 살고 있는 지구는 물과 공기에 둘러싸여 있기 때문에 물과 공기와 관련된 많은 자연현상에 대한 지식이 필요하게 되었죠. 특히 우리 삶에서 없어서는 안 될 교통수단인 배와 비행기, 자동차 등을 만들기 위해서는 물과 공기에 대한 지식이 필수입니다. 배가 뜰 수 있게 하는 물의 부력, 비행기를 날 수

자동차, 비행기, 배 주변의 물과 공기의 흐름

있도록 하는 공기의 양력 등을 잘 알아야 하죠. 더 나아가 공기가 없는 우주로 날아가는 우주왕복선도 지구를 벗어나는 순간이나 돌아올 때는 대기권을 통과해야 하기 때문에 우주과학, 공학 분야에서도 공기에 관한 많은 연구가 필요합니다.

이름은 조금 어려워 보이지만 우리의 일상에서 늘 체험하는 유체역학, 물과 공기의 과학을 만나러 가 봅시다.

아르키메데스의 유레카!

기원전 고대 그리스, 어느 날 왕은 대장장이를 불러 순금을 주며 이것을 모두 이용해 멋진 왕관을 만들라는 명령을 내립니다. 얼마 후 대장장이는 화려한 왕관을 만들어 왕에게 바쳤죠. 그런데 왕은 이 왕관이 순금으로 만들어졌는지 의심이 들었습니다. 값비싼 순금 대신 싸구려 은을 섞거나 대장장이가 금을 몰래 빼돌렸을지도 모른다고 생각했기 때문이었죠. 왕은 과학자 아르키메데스를 불러 이 왕관이 순금으로 만들어졌는지 밝혀낼 것을 명령하였습니다. 아르키메데스는 며칠간 고민했지요. 하지만 왕관을 손상시키지 않고 이것이 순금인지 알 수 있는 방법을 찾지 못했습니다. 답답한 마음에 머리라도 식힐 겸 목욕을 하기로 한 아르키메데스. 물이 가득 찬 욕조에 몸을 담그자 물이 넘쳐흐르는 것을 보고 "유레카!(찾았다)"를 외칩니다. 아르키메데스는 넘쳐흐르는 물에서 문제를 풀 수 있는 힌트를 발견합니다. 너무 기쁜 나머지 옷을 챙겨 입는 것도 잊고 벌거벗은 채로 뛰쳐나오죠.

아르키메데스는 왕관과 똑같은 무게의 금과 은을 준비했습니다. 무게는 같았지만 금과 은은 크기가 달랐습니다. 은은 금보다 가벼운 물질이기 때문에 금과 같은 무게가 되려면 더 클 수밖에 없었어요. 그는 준비한 금과 은 덩어리를 물에 넣고 넘치는 물의 양을 재어 보았습니다. 크기가 큰 은을 물에 넣었을 때 넘치는 물의 양도 더 많음을 알 수 있었습니다.

마지막으로 같은 무게의 왕관을 물에 넣고 넘쳐흐르는 물의 양을 재어 보았습니다. 만약 왕관이 순금으로 만들어졌다면 같은 무게의 금 덩어리를 넣었을 때 넘쳐흐른 물의 양과 같아야겠죠. 하지만 왕관을 넣었을 때 더 많은 물이 넘쳐흘렀습니다. 대장장이가 왕관을 만들며 순금에 은을 섞었다는 것이 밝혀졌죠.

유레카의 어원으로 더 잘 알려진 이 이야기 속에는 부력의 원리가 담겨 있습니다. 이 이야기가 왜 배가 뜨는 원리인 부력과 관계있는 것인지 의아해하는 독자도 있을 것입니다. 다음에서 부력에 대해 더 자세히 알아보도록 하죠.

부력을 계산해보자

배는 원시시대부터 존재한 인류의 탈것입니다. 원시시대에는 나무를 묶어 만든 뗏목이나 통나무배가 있었으며, 바람으로 움직이는 범선, 그리고 근대에는 수증기를 이용한 증기선이 발명되었습니다. 요즘은 원자력을 동력원으로 하는 항공모함 같은 배도 있습니다.

주목할 만한 것은 강철로 만들어진 배는 증기선이 발명된 1800년대에 처음 만들어졌다는 사실입니다. 수천 년 전 원시시대부터 인류는 배를 사용해왔는데 지금의 배처럼 강철로 만든 배는 그 역사가 고작 200년 정도밖에 되지 않았습니다.

이렇게 무거운 배가 물 위에 뜰 수 있는 것은 부력 때문입니다. 부력이란 물속에 있는 물체를 물이 밀어내는 힘을 말하죠. 여러분이 물체를 물에 넣으면 물은 이 물체를 밀어 올리는 힘을 작용합니다. 부력의 존재는 물속에 있는 물체와 물밖에 있는 동일 질량의 물체의 무게를 재는 실험으로 알 수 있습니다. 아래 그림처럼 물속에 있는 물체는 부력이 작용하여 물체를 위로 밀어냅니다. 따라서 실제 질량보다 가벼워지죠.

더 쉽게 부력의 존재를 설명하자면 수영장에서 공을 물속에 넣으려면 힘이 드는 것을 생각하면 됩니다. 그리고 공을 눌렀다가 손을 떼면 부력으로 공이 솟아오르는 것도 확인할 수 있죠. 물속에 있는 공을 부력이 밀어 내기 때문입니다. 물속에 있는 물체가 물위로 뜨려면 물이 밀어내는 부력이 물체의 무게와 같아야 합니다. 그렇다면 무거운 철강선을 물위에 뜨게 하려면 부력의 크기를 계산할 수 있어야겠죠.

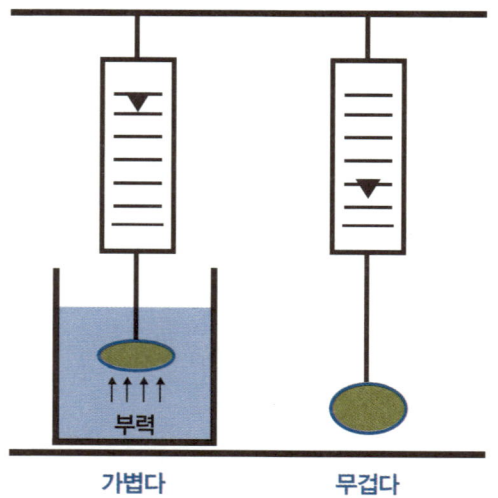

부력의 크기는 어떻게 알 수 있을까요? 일반적으로 물속에 있는 물체에 작용하는 부력의 크기는 물에 잠긴 부분의 부피를 보면 알 수 있습니다. 더 정확히 말하면, 물체를 물속에 넣었을 때 밀어낸 물의 양 즉, 물에 잠긴 부분에 물을 채운 무게와 같습니다.

자, 여기 같은 부피의 정육면체 상자에 나무, 물, 철이 각각 들어 있습니다. 나무는 1kg, 물은 2kg, 철은 4kg이라 가정합니다. 물보다 가벼운 나무 상자는 반만 물에 잠기며 뜨고, 물 상자는 물속에서 잠겨 있지만 가라앉지는 않습니다. 가장 무거운 철 상자는 물밑으로 가라앉습니다.

여기서 각각의 상자에 작용하는 부력과 물에 잠긴 철상자를 뜨게 하기 위한 부력은 얼마일까요? 물에 뜨기 위해서는 물체의 무게와 동일한 부력이 작용해야 가라앉지 않습니다. 하지만 부력은 그 물체 무게보다 클 수는 없겠지요. 물체의 무게보다 큰 부력이 작용하면 물체는 물 밖으로 날아오르게 되니까요.

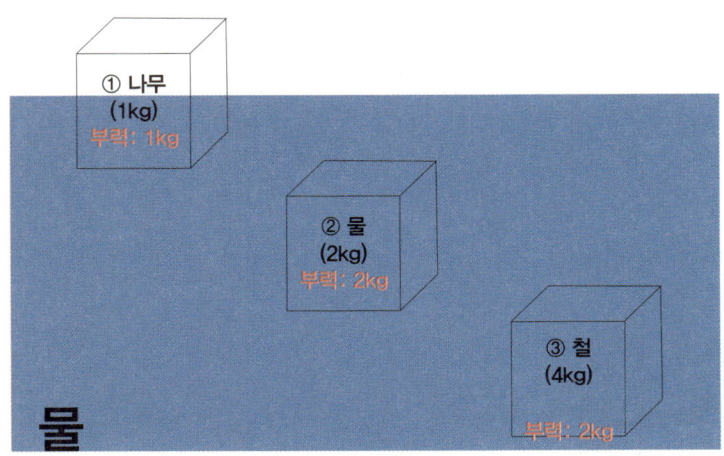

같은 부피, 다른 질량의 물체가 받는 부력의 크기

① 나무 상자는 물에 반쯤 잠겨 있으며 무게는 1㎏입니다. 1㎏의 나무 상자가 떠있을 때 받는 부력은 그 상자의 무게인 1㎏이 되겠지요. 나무 상자가 물에 반쯤 잠겨 있으니 나무 상자 안에 반쯤 물을 채운다면 그 물이 1㎏이 될 것입니다. 나무상자가 밀어낸 물의 양이 1㎏이란 말과 같은 뜻입니다.

② 물 상자는 물에 완전히 잠겨 있지만 가라앉지는 않았습니다. 물 2㎏의 상자가 가라앉지 않고 떠있는 것은 그 물 상자의 무게와 같은 크기의 힘, 즉 부력이 2㎏ 작용하고 있음을 뜻합니다. 나무 상자와는 달리 물 상자는 상자 전체가 잠겨 있습니다. 나무 상자의 두 배의 물을 밀어낸 것이죠.

③ 철 상자에 작용하는 부력은 얼마일까요? 밀어낸 물의 양이 얼마인가를 알면 이 상자에 작용하는 부력의 크기를 알 수 있다고 했죠. 철 상자가 물에 들어가며 밀어낸 물의 양은 물 상자가 물에 잠기며 밀어낸 물의 양과 같습니다. 두 상자 모두 물에 잠겼으니까요. 따라서 두 상자가 받는 부력은 2㎏으로 같습니다. 같은 2㎏의 부력이 작용하지만 철 상자의 무게가 4㎏이기 때문에 물 밑으로 가라앉게 되는 것이죠.

즉, 부력이란 물속에 들어 있는 물체를 밀어내는 물의 힘을 말하며 그 크기는 물체가 물에 잠기며 밀어내는 물의 양과 같다고 정리할 수 있습니다.

유조선의 크기를 짐작해볼 수 있는 사진

철로 만든 배가 물에 뜨는 이유는?

여러분은 유조선을 본 적 있나요? 기름을 운송하는 유조선 중 어떤 것은 잠실야구장 크기보다도 크다고 합니다. 어떻게 이렇게 크고 무거운, 철로 만들어진 배가 물위에 뜰 수 있는 걸까요? 위에서 이해한 부력에 대한 지식을 토대로 알아보겠습니다.

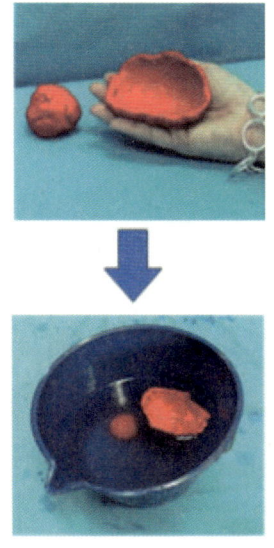

같은 무게, 다른 부피의 고무찰흙 실험

　같은 무게의 고무찰흙을 두 가지 모양으로 만들어 보았습니다. 하나는 찰흙을 뭉쳐서 둥글게, 다른 하나는 넓게 펴서 배 모양으로 만들었어요. 이 두 찰흙을 물에 띄우면 어떻게 될까요? 둥글게 뭉친 고무찰흙은 물속에 가라앉고, 넓게 편 고무찰흙은 물 위에 둥둥 뜨는 것을 볼 수 있습니다. 지금까지 배운 부력의 크기를 생각하면 왜 이런 현상이 벌어지는지 그 원리를 설명할 수 있을 것입니다.

　찰흙은 물보다 무겁기 때문에 당연히 가라앉습니다. 물에 뜨기 위해서는 물체 무게만큼의 부력이 필요합니다. 이 부력을 크게 하려면 물속에서 밀어내는 물의 양이 크도록 부피를 크게 해야 합니다. 부피가 충분히 크면 찰흙의 무게만큼의 물을 밀어내고 남는 부분이 물밖에 남아 있게 되는 것이죠. 덩어리로 뭉친, 둥근 모양의 찰흙이 받는 부력은 작은 공의 부피가 물을 밀어낸 양에 불과합니다. 이 부력이 공의 무게보다 적기 때문에 둥근 모양의 찰흙은 가라앉았고 반대로 부피가 큰 배 모양의 찰흙은 물 위로 뜰 수 있었던 것입니다.

구상선수(Bulbous Bow)

운행 중인 배 주변의 파도

배에 뿔이 난 이유

배는 각자 기능이나 디자인에 따라 생김새가 달라지기는 해도 기본 꼴은 같습니다. 우리가 종이나 찰흙으로 배를 만들 때 넓게 펴서 움푹 파인 모양으로 만드는 것처럼요. 그중 우리가 잘 보지는 못했지만 대부분의 배 앞부분에 뿔처럼 튀어나와 있는 것이 있습니다. 이 구조물의 역할은 무엇일까요?

배가 물위에서 운행하면 주변에 물결을 만듭니다. 이 물결은 배의 움직임을 방해하여 물결이 클수록 더 많은 연료를 소모하게 하고 속도도 늦어지게 합니다. 배 앞부분의 튀어나온 형상은 이 물결을 작게 만드는 역할을 합니다. 아래 그림에서 보듯이 배가 만드는 높은 파도와 배 앞의 돌기가 만드는 파도가 합쳐지면 전체 파도의 크기는 줄어듭니다. '파동의 중첩 원리'를 이용한 것이지요.

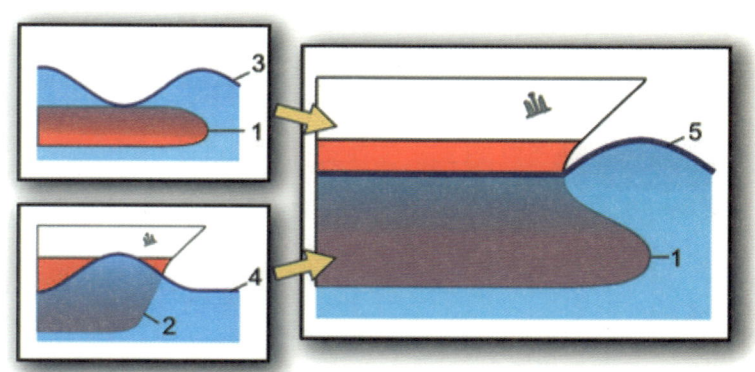

파도의 중첩의 원리: 배가 만든 파도 + 구상선수 파도 = 파도 저감

비행기가 날 수 있는 힘, 양력

수천 년의 역사를 가진 배와는 달리, 스스로 움직여 하늘을 날게 된 역사는 그리 길지 않습니다. 최초의 자기동력 비행은 1903년 미국의 라이트 형제에 의해 성공했습니다. 비록 12초간 36m 남짓 날은 것에 불과하지만 인류 역사상 최초의 자기동력 비행이었습니다. 라이트 형제는 최초의 비행을 성공한 후, 이 비행기를 3년 동안 개량하여 38분간 38km나 비행할 수 있게 되었습니다.

부력 때문에 배가 물 위에 뜰 수 있는 것이라면 비행기가 날 수 있는 것은 무엇 때문일까요? 비행기는 공기 속에서 움직일 때 공기가 비행기를 들어 올리는 양력에 의해 날 수 있습니다. 배의 부력과는 다르게 빠른 속도로 움직여야 충분한 양력을 받을 수 있습니다.

양력을 이해하기 위해 가장 중요한 일은 공기 속에서 압력과 속도의 관계를 이해하는 것입니다. 압력이란 물체가 주변 공기에 의해 받는 힘이고, 속도란 그 물체 주변의 공기 속도를 얘기합니다. 압력과 속도는 서로 반비례합니다. 즉, 속도가 빠른 주변의 압력은 낮아지고 반대로 속도가 느리면 주변의 압력은 높아집니다.

좀 더 쉽게 이해하기 위해 간단한 실험을 하나 해볼게요. 종이를 넓은 면이 위로 오게 들고 윗면을 수평하게 불어보세요. 아래로 처진 종이가 위로 올라오는 것을 볼 수 있을 거예요. 종이를 불기 전에는 윗면과 아랫면이 받는 압력이 똑같은 상태입니다. 종이 윗면을 불자 빠른 속도로 공기가 움직이며 압력이 아랫면보다 낮아지면서 종이가 위로 올라오는 것이죠.

비행기에 작용하는 양력도 동일한 원리로 설명할 수 있습니다. 다음 페이지에서 볼 수 있는 그림은 비행기 날개형상 주위의 공기 흐름을 간략하게 나타낸 것입니다. 비행기의 윗면 날개는 볼록하고 아랫면은 상

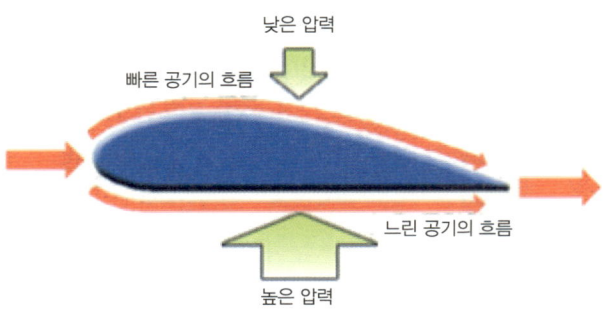

날개 단면 주위의 공기 흐름과 양력발생 원리

대적으로 평평한 모습이죠. 이 날개 형상에 따라 주변 공기의 속도가 달라집니다. 날개 윗면은 공기 흐름이 빨라져 낮은 압력이 발생하고, 아랫면은 느린 공기 속도에 따라 높은 압력을 유지합니다. 결국 아랫면의 높은 압력이 작용하여 비행기가 날아오르는 것이죠.

그럼 왜 날개 윗면의 공기는 아랫면 공기보다 빠른 공기 흐름을 보일까요? 많은 자료에서 설명하기로는 날개 앞면에서 분리된 공기가 꼬리 부근에서 만나려면 먼 길을 가야 하는 윗면의 공기가 빨라야 한다고 합니다. 하지만 이것은 물리적으로 근거 없는 설명입니다. 날개 앞부분에서 갈라진 공기가 꼬리에서 같은 시간에 만나야 할 이유는 없을 것 같습니다. 다르게 설명해보죠. 비행기 날개가 동굴 입구 가운데 끼어 있다고 해봅시다. 날개가 동굴의 입구를 위 아래로 반 나눈 것이죠. 날개 윗부분이 볼록하기 때문에 동굴 입구의 면적은 평평한 아래 부분보다 작을 것입니다. 이때 동굴로 바람이 들어오면 단면적이 넓은 날개 아랫부분보다 위쪽 부분에서 바람이 더 세차게 불 것입니다. 수도꼭지를 반 정도 막아서 물 나오는 면적을 줄이면 물이 더 세차게 나오는 것과 같은 원리입니다.

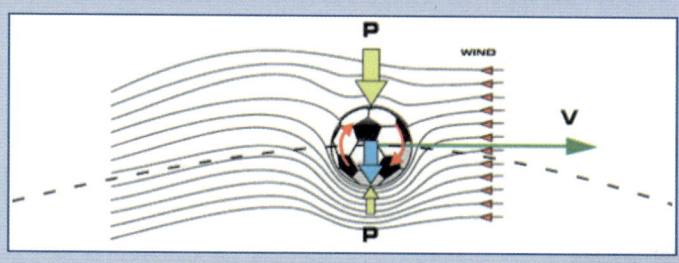
양력을 이용한 발명품들

우리 주위에는 비행기 날개 말고도 양력을 이용하여 발명된 기계장치들이 많습니다. 물속의 프로펠러도 비행기 날개와 같은 모양을 가지고 있죠. 차이점은 날개 단면의 평평한 부분이 뒤쪽에 있어서 프로펠러가 돌면 높은 압력으로 배를 추진시키는 역할을 합니다. 풍력발전기의 날개도 비행기 날개와 똑같은 형상입니다. 흔히 요트의 돛은 바람을 맞아 가는 것으로 생각하는데 자세히 들여다보면 여기에도 양력이 작용합니다. 바람을 맞은 돛은 비행기 날개모양을 띄는데 이 주위의 공기 흐름에 의해 양력이 발생하는 것이지요. 마지막으로 경주용 자동차 뒷면에 붙어 있는 스포일러라는 날개도 있습니다. 스포일러는 비행기 날개의 반대 모양입니다. 불룩한 부분이 아래쪽으로 되어 있는 것이지요. 유선형 자동차가 빠르게 주행하여 바퀴와 지면의 접지력이 적어지는 것을 방지하기 위해 비행기 날개와는 다르게 밑으로 자동차를 누르는 힘을 줍니다.

우주왕복선이 둥근 모양인 이유

2003년 발사된 우주왕복선 콜럼비아 호는 지구로 귀환하는 도중에 폭발합니다. 폭발의 원인은 지구 대기권 진입 시 발생한 높은 마찰열 때문이었습니다. 우주왕복선은 대기권 진입 시 높은 마찰력으로부터 우주왕복선을 보호하기 위해 단열벽돌로 싸여 있습니다. 여러 번의 우주왕복으로 노후된 콜럼비아 호 주변의 단열재 벽돌 일부가 떨어졌고 그 부분에서 높은 마찰열이 발생해 폭발한 것이죠.

우주왕복선 vs 초음속 비행기

초음속 비행기의 날렵하고 뾰족한 모습에 비해 우주왕복선이 둥근 모양을 하고 있는 것도 공기와의 마찰열을 줄이기 위함입니다. 콜럼비아호의 사고에서 보듯이 지구로 귀환하기 위하여 빠른 속도로 대기권을 지나는 우주왕복선은 대기권에서의 마찰열을 줄이는 것이 매우 중요합니다. 그럼 왜 둥근 모양이 날카로운 형상에 비해 낮은 마찰열을 받는 것일까요? 보통은 공기의 저항을 줄이기 위해 유선형의 날렵한 모양이 일반적인데 말이죠. 이는 충격파의 물리적 성질 때문입니다.

충격파란 보통 소리보다 빠르게 움직이는 물체에 발생합니다. 소리보다 빠르게 움직이는 물체의 앞 또는 주변에는 파동이 발생하는데 먼저 만들어진 파동과 새로 만들어진 파동이 겹치면서 매우 강한 파동이 생깁니다. 이것을 충격파라고 합니다.

충격파의 원리나 성질은 물리적으로 어려운 부분이니 꼭 이해할 필요는 없습니다. 다만 소리의 속도보다 빠른 비행체에는 충격파라는 것이 생기며, 이 충격파의 앞부분과 뒷부분의 공기는 그 성질이 다르다는 것만 알아두면 충분할 것입니다.

충격파에 의한 수증기 발생

충격파가 생기면 공기 성질이 바뀌며 여러 현상이 생기는데, 대표적인 것이 비행기가 음속을 통과하는 순간 충격파에 의해 비행체에 수증기가 생기는 것입니다. 이는 충격파에 의해 공기의 성질이 변하며 나타나는 대표적인 현상입니다.

충격파에 의한 또 하나의 중요한 변화는 공기와의 마찰에 의한 열이 줄어든다는 점입니다. 충격파가 생기면 충격파의 뒤쪽에 있는 공기는 충격파 앞쪽에 있는 공기에 비해 물체와의 마찰열이 줄어드는 현상이 발생하는 것이죠. 충격파도 약한 충격파와 강한 충격파가 있습니다. 보다 강한 충격파가 생기면 물체와 공기와의 마찰열은 더욱 줄어듭니다. 우주왕복선의 둥근 모양도 바로 이 충격파의 성질을 이용하기 위함입니다. 우주왕복선이 대기권 진입 시 마찰열을 줄이는 방법은 바로 이 충격파를 강

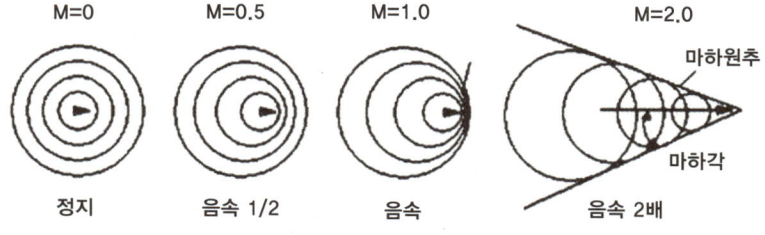

충격파 발생의 원리

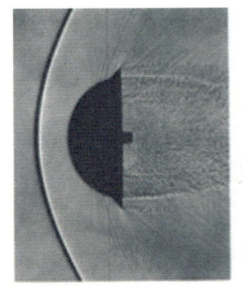

원과 삼각 형상이 만드는 충격파

하게 만드는 것이죠. 이 강한 충격파를 만드는 방법이 둥근 비행체의 모양을 갖도록 하는 것입니다.

왼쪽 그림은 둥근 모양의 물체와 뾰족한 형상의 물체가 만들어내는 충격파를 비교한 사진입니다. 둥근 모양의 물체가 만들어내는 충격파가 훨씬 진하게 보이며, 이것은 더욱 강하다는 의미입니다. 바로 이 강한 충격파에 의해 충격파 뒤쪽의 물체가 받는 마찰열이 줄어드는 것이죠. 마치 우주왕복선 앞에 보호막을 치는 것처럼요.

조금 어려운 주제였지만 왜 우주왕복선은 다른 초음속 비행기와는 다르게 둥근 모양을 가지는지 알아보았습니다. 이런 우주왕복선의 형상을 처음 고안한 사람은 미국 NASA에서 유체역학을 연구하는 과학자였습니다. 저의 초등학교 때 꿈도 과학자였습니다. 조금 더 자세히 말하자면 제가 만든 우주선을 타고 우주에 가는 것이 꿈이었지요.

지금 생각해보니 그 당시의 막연하기만 했던 꿈이 인생을 결정하는 중요한 순간에 많은 영향을 주었습니다. 대학교에서는 과학기술을 공부하는 공학을 전공하고 자동차, 배, 비행기와 관련한 일을 시작했으며 지금은 전자회사에서 컴퓨터를 이용한 시뮬레이션 관련 일을 하고 있으니까요.

경험하지 못한 것, 들어보지 못한 것, 생각하지 못한 것에 대해서는 꿈을 가질 수는 없습니다. 아예 생각하지도 못한 것, 내가 모르는 것을 꿈꿀 수는 없잖아요. 그래서 폭넓은 경험이 중요합니다. 다양한 경험이 새로운 꿈을 키워준다는 것, 잊지 마세요.

나로호는 발사버튼이 있을까?

우리나라 우주발사체인 나로호는 발사 시 지상관제소에서 발사 버튼을 누를까요? 흔히 공상과학영화에서 우주선 발사 시, 카운트다운을 하며 '0'이 되었을 때 관제소에서 발사버튼을 누릅니다. 하지만 실제로는 카운트다운을 하여 '0'이 되면 자동으로 발사됩니다. 흔히 "발사"라고 외치며 버튼을 누르는 것은 영화에서나 볼 수 있는 일이죠.

김태한 | 서울대와 KAIST에서 조선·항공공학 분야를 공부했으며 대우자동차 기술연구소에서 신차 개발업무에 참여했다. 기계공학 분야에서 대한민국 국비장학생으로 선발되어 미국 스탠퍼드 대학에서 항공우주공학 박사 학위를 받았다. 현재는 삼성전자 수석연구원으로 컴퓨터를 활용하여 물리현상을 모사(Simulation)하는 CAE(Computer Aided Engineering)업무를 수행하고 있다.

아프리카가 미지의 대륙으로 느껴지나요? 이번 기회를 통해 아프리카가 무한한 가능성으로 여겨지길 바라며 아프리카에서 활약하는 미래의 과학자, 아프리카인들의 생명을 지키는 미래의 의사, 평화를 지키려는 미래의 외교관 등의 탄생을 기대해봅니다.

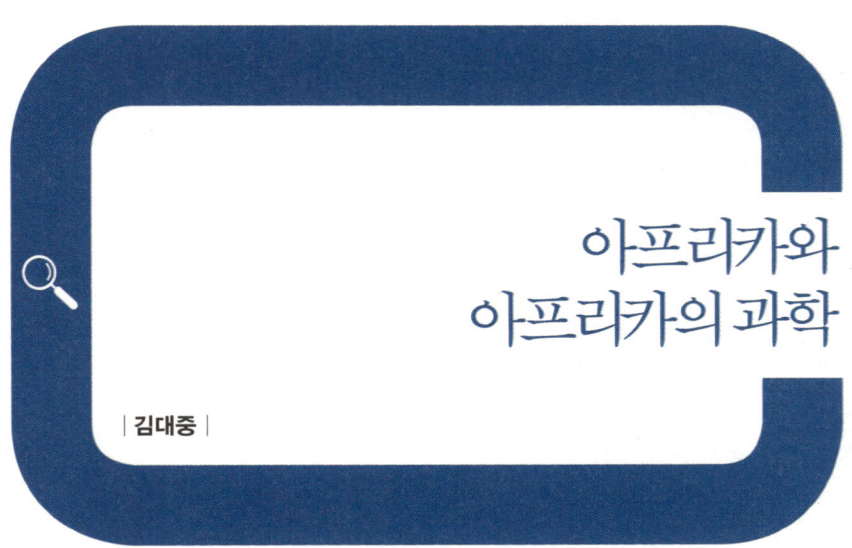

아프리카와
아프리카의 과학

| 김대중 |

■　　여러분은 아프리카에 가본 경험이 있나요? 본인이 아니더라도 가족이나 가까운 친구 중에 아프리카에 다녀온 사람은요? 아마 극히 드물 것 같습니다.

　저는, 아직까지 우리에게 잘 알려지지 않은 땅 아프리카 대륙에서 2년 간 체류하며 생활했습니다. 해외에 나가는 사람들의 목적은 주로 여행, 업무상 출장, 외교, 종교적 선교활동 등인데 제 경우 해외봉사활동으로 정부(한국국제협력단, KOICA)의 지원을 받아 탄자니아의 '잔지바르'라는 섬에 있는 기술대학교에서 컴퓨터 교육을 했습니다. 후배단원을 비롯해 탄자니아에 관심을 가진 사람들을 위해 2년간 살면서 방학을 이용해 탄자니아에 대한 정보를 수집하여 안내서를 만들기도 했는데, 그 내용 중 '과학'과 관련한 내용을 소개하려고 합니다.

멀지만 가까운 나라, 아프리카

'아프리카' 하면 가장 먼저 떠오르는 것에 대한 설문조사에는 언제나 세렝게티, 아프리카 초원의 동물들, 마사이족 등의 아프리카 부족민, 굶어죽거나 내전으로 아픈 사람들, 킬리만자로 산이나 사하라 사막이 등장합니다. 그래서인지 아프리카에 대해 부정적인 생각을 갖게 되기도 하고요. 왠지 쉽게 갈 수 없는 곳이라는 생각도 들죠. 거리도 너무 멀게 느껴지고요. 그런데 우리나라와의 거리만 따져본다면 미국이나 유럽에 가는 것과 비슷합니다.

아프리카라는 곳을 몰라서 가지 않는가, 하면 그것도 아닙니다. 요즘 같이 인터넷과 미디어가 발달한 시대에 아프리카에 관한 정보는 굉장히 많고 〈정글의 법칙〉 같은 TV프로그램을 통해서도 자주 볼 수 있어 '아프리카' 하면 왠지 친숙한 느낌마저 들 정도입니다. 또 아프리카는 지구에서 아시아 다음으로 두 번째로 큰 대륙인 데다 50개가 넘는 나라가 있어요. 그중에는 에티오피아처럼 6.25전쟁 당시 우리나라의 평화를 위해 목숨을 바쳐 지켜준 형제의 나라도 있고, 올림픽 또는 월드컵 같은 국제경기에서 처음 듣게 되는 나라까지 있습니다.

최근엔 세계적으로 석유를 비롯한 천연자원이 고갈되고 있는데 아프리카는 아직 개발되지 않은 곳이 많아 매장량이 풍부하고, 휴대폰 제조에 필수재료인 '콜탄'이나 비싼 보석인 '다이아몬드' 등도 채굴할 수 있어서 점점 주목받고 있습니다.

　몇 해 전만 해도 우리나라에서 아프리카를 가려면 두바이나 카타르, 아니면 남아프리카공화국을 경유해서 가는 방법밖에 없었습니다. 가는 데 하루가 꼬박 걸렸고 항공편도 매일 있는 것이 아니었죠. 지금은 국적기 중 케냐까지 가는 직항노선이 생겼고, 얼마 전에는 외국항공에서 에티오피아 직항노선도 생겨 점차 늘어나는 추세입니다. 이렇게 단축된 시간만큼 우리나라와 아프리카가 더 친숙해지고 있다고 봐도 될 것입니다.

아프리카 들여다보기

아프리카는 전기, 수도 등의 혜택을 받을 수 있는 곳이 도시에 집중되어 있어 땅이 넓어도 인구밀집현상이 심합니다. 국토의 30%에 인구의 70%가 몰려 살고 있죠. 우리나라도 인구 5,000만 명 중 1,000만 명이 서울에, 1,300만 명이 경기도에 거주하고 있긴 하지만 여기에는 교육과 문화적인 측면이 강하다고 할 수 있습니다. 반면 아프리카는 말 그대로 생존을 위해서라고 볼 수 있어요. 예로 탄자니아는 우리나라보다 땅 크기가 10배 정도 크지만 인구는 우리나라보다 적습니다.

　우리나라가 지금은 저출산 문제로 고심하지만 한창 경제가 발전할 시기에는 노동력과 시장market이 형성될 수 있는 기본 인구가 필요해서 출산장려정책을 폈습니다. 아프리카도 비슷해요. 그런 이유에서 능력 있는 남성이 4명까지 부인을 둘 수 있는 아랍 문화의 이슬람교가 많이 활성화되고 있는 추세입니다. 하지만 안타깝게도 가난과 재해로 굶거나, 내전, 말라리아 또는 에이즈 등의 질병으로 여전히 많은 사람들이 사망하고 있어요. 이러한 어려움을 돕고자 선진국을 중심으로 구호활동, 원조가 진행되고 있지만 단기간의 도움에 그칠 것이 아니라 지속적인 지원이 있어야 해결의 실마리를 찾을 수 있을 것으로 보입니다.

국경선이 자로 잰 듯 반듯한 아프리카

아프리카 지도를 보면 나라 간 국경선이 자로 잰 듯 반듯한 걸 볼 수 있는데 이는 우리나라의 38선처럼 독립 및 휴전을 하는 과정이 다른 나라의 결정으로 이루어졌기 때문입니다. 이 때문에 국가 간 분쟁, 내전, 부족 간 마찰이 자주 일어나곤 합니다.

식민 지배를 당한 아프리카는 언어를 기준으로 크게 동서로 나누어집니다. 동쪽은 주로 영국이 지배해서 영어를 공용어로, 서쪽은 프랑스의 지배를 받아 불어를 공용어로 사용합니다. 물론 부족어 등이 있긴 하지만 문자가 없거나 워낙 부족이 다양해 같은 나라사람이어도 오히려 영어나 불어를 쓰는 것이 소통하기 쉬워요. 엘리트의 경우엔 공용어, 아프리카어, 부족어 3가지를 다 할 줄 알기도 하죠.

아프리카 하면 열대기후도 빠질 수 없죠. 태양에 가장 근접하는 적도가 아프리카의 케냐와 적도기니를 가로지르면서 매우 울창한 숲을 형성합니다. 열대기후는 건기와 우기가 뚜렷해서 오히려 생물들이 적응하기 쉬워 동물이나 식물들이 잘 살아요. 문제는 사막으로 대표되는 건조기후 지역입니다. 사막 자체도 생물들이 살기 어려운 메마른 환경인데, 아프리카 북부 전체를 차지할 정도로 큰 면적을 차지하고 있는 세계 최대 사막인 사하라 사막의 경우는 매년 10㎢씩 넓게 사막화 되고 있어 큰 고민거리죠. 보통 사막, 하면 모래로 이루어진 곳만 생각하는데 실제 모래사막은 절반도 안 됩니다. 사하라 사막의 경우에도 모래사막은 40%가 채 안 되고 보통은 흙 사막이죠.

아프리카라고 해서 다 덥기만 한 것도 아닙니다. 에티오피아의 수도 아디스아바바의 경우엔 해발 2,400m
가량에 위치한 고원도시라 사람들이 저
녁이 되면 두꺼운 옷을 걸치고 다녀요.
고산지대라서 고산식물인 커피의 재배
지로 유명하죠. 같은 환경으로 킬리만
자로 산 부근에서 재배되는 케냐와 탄
자니아의 커피도 글로벌 체인인 스타벅
스에 판매제품으로 채택하는 등 세계적
으로 인기가 높습니다.

　앞으로는 아프리카를 떠올릴 때 뜨거운 날씨, 모래사막 등 한 가지 이
미지로 한정짓지 마세요. 과학을 다루는 사람은 일부만 가지고 전체를
판단하는 오류를 범해서는 창조적인 혁신을 이루기 어렵답니다.

잠재력을 지닌 땅, 생명이 살아 있는 땅

인류의 기원으로 보는 '오스트랄로피테쿠스'가 발견된 곳인 만큼 아프
리카 대륙은 지구상에서 가장 오랜 역사를 갖고 있는 지역입니다. 그래
서 다양한 화석 등 지구의 역사를 예측할 수 있는 귀중한 자원을 많이
보유하고 있죠. 석유, 다이아몬드 등도 화석의 한 형태라고 할 수 있어
요. 자원의 가치가 높은 이유는 희소성이 있기 때문인데 계속 사용하다
보면 언젠가는 고갈 되어 버리죠. 대체할 수 있는 자원이 개발되기 전까
지는 현재의 자원에 의존할 수밖에 없습니다.

　그런데 이렇게 가치 있는 자원인 석유, 천연가스, 다이아몬드, 콜탄
등을 가지고 있음에도 불구하고 아프리카 국가들이 대부분 잘 살지 못
하는 이유는 무엇일까요? 아쉽게도 아직까지 많은 수의 아프리카 국가
들은 독재자들이 지배하고 있거나, 정부군과 반군 또는 부족 간의 갈등

모래에서 다이아몬드 등의 광물을 채취하는 아프리카인

으로 인해 내전을 치르고 있어 소중한 자원들이 국민에게 쓰이는 것이 아니라 전쟁자금으로 소비되고 있기 때문입니다. 이러한 나라의 민주화를 지원하기 위해 독재지배 국가 및 내전국가에서 생산·거래되는 다이아몬드와 콜탄을 블러드 다이아몬드(피의 다이아몬드Blood Diamond)와 블러드 폰Blood Phone으로 부르며 수입을 제한 또는 금지하고 있습니다.

디즈니 사의 애니메이션 〈라이온 킹〉 모두 본 적 있죠? 이 영화의 배경이 된 곳이 바로 세렝게티 국립공원입니다. 실제로 작가들이 작업에 참고하기 위해 세렝게티 국립공원을 방문해서 밑그림을 그렸다고 해요. 이곳에 가면 영화에 나오는 캐릭터를 실제로 볼 수도 있습니다. '심바'나 '무파사' 등 사자, '티몬'인 미어캣, '품바'인 왓호그, '라피키'인 개코원숭이 등 다양한 동물을 볼 수 있죠. 하지만 차를 타고 야생동물을 구경하는 사파리 관람을 해도 시기를 잘못 선택하면 며칠을 돌아다녀도 동물 구경하기 힘들 때도 있습니다. 반대로 운이 좋으면 하루 만에 다 만나볼 수 있기도 합니다.

탄자니아에는 국립공원이 20개가 넘는데 세렝게티 국립공원도 그 중에 하나예요. '끝없는 초원'이라는 뜻의 세렝게티는 그 크기가 우리나라의 경상남북도를 합친 정도의 어마어마한 면적인데 가장 큰 국립공원은 따로 있다고 하니 더욱 놀랍지요.

〈라이온 킹〉 이야기 나왔으니 스와힐리어를 조금 배워보기로 해요. 스와힐리어로 사자는 영화 주인공의 이름인 '심바'입니다. 스와힐리어로 보면 사자의 이름이 '사자'인 것이죠. '라피키'는 친구라는 뜻입니다. '하쿠나 마타타'는 'Hakuna'가 부정의 의미를 갖고 있고 'Matata'는 '문

제, 말썽'의 뜻이어서 No Problem(문제없어)으로 쓰이죠. 탄자니아에선 '하쿠나 마타타'란 표현을 쓰거나 인사할 때 '잠보Jambo'라고 하면 여행객임을 드러내는 것과 마찬가지여서 상인들의 바가지 손님이나 소매치기의 표적이 되기 쉬워요. 현지인들과 거주민들이 쓰는 표현은 따로 있는데 여행객들이 방송이나 여행책 등에 나와 있는 표현을 그대로 쓰다 보니 구분이 다 되거든요.

아프리카 동물에 대해 우리가 잘못 알고 있는 사실도 있습니다. 먼저 사파리 관람을 할 때 육식동물이 사냥하는 모습을 보는 건 거의 불가능하다고 해요. 기본적으로 사파리 가능시간이 오

전과 낮 시간 정도인데(야간은 위험해서 사파리 불가) 육식동물의 사냥 시간은 주로 새벽과 야간을 틈타 이뤄지기 때문이죠. 한 다큐멘터리 PD는 무려 150일을 잠복하고서도 방송에 내보낼 수 있는 영상은 겨우 한 번 촬영 가능했을 정도였다고 합니다. 최근엔 굶어죽는 사자들도 많아졌다고 합니다. 실제 사자의 사냥 성공률은 20%가 채 안 되는데 주로 암사자가 사냥을 집단으로 하고 수사자는 다 잡아놓은 걸 먹습니다. 왕따를 당하는 수사자는 사냥능력이 약해서 굶어죽기도 합니다. 표범도 매우 용맹하고 빠른 속도를 가진 뛰어난 사냥꾼이지만 집단으로 덤비는 하이에나 무리에게는 속수무책입니다. 그래서 잡은 동물의 사체를 나무 위로 끌고 올라가 보관해두고 먹는 모습도 볼 수 있습니다. 이는 잡은 먹이를 사냥

한 후 바로 먹는 것보다 일정 시간이 지나 숙성된 경우가 더 맛이 좋아지기 때문이라고도 하네요.

얼룩말 같은 동물은 사자 근처에 얼씬도 못할 것 같지만 실제 사자가 옆을 지나가도 얼룩말은 태연합니다. 그 모습을 보고 당황스럽기까지 했는데 이유는 단순해요. 배부른 사자는 사냥하지 않을 걸 알기 때문에 얼룩말은 위협을 느끼지 못한다고 합니다. 지구상에서 배가 불러도 저장을 위해 사냥을 하는 동물은 사람이 유일하다고 해요.

이렇게 많은 동물 중 가장 포악한 동물, 아니 가장 공격적인 동물은 무엇일까요? 동물학자들의 대답은 매우 의외입니다. 바로 하마가 다른 많은 육식동물을 제치고 상위권을 차지합니다. 요즘은 거의 물 안에 있어 육지동물로 분류하기도 모호할 정도인데 평소에는 온순하지만 무리 영역 안에 들어오면 악어도 밟아 죽이고, 사자도 물어 죽이는 일이 많다고 합니다. 코뿔소는 자신을 코뿔소이게 해주는 '코뿔' 때문에 밀렵꾼의 주 표적이 됩니다. 상아 때문에 코끼리는 늘 인기지만 코뿔소도 만만치 않지요. 코뿔소의 코뿔은 과학적으로 전혀 증명된 바가 없음에도 남자들의 힘의 상징처럼 여겨져 밀렵꾼들이 닥치는 대로 사냥을 하기 때문에 초원에서 가장 보기 힘든 동물이기도 합니다.

아프리카의 기후와 킬리만자로

토양에 영양이 많고, 강렬한 태양과 건기, 우기가 뚜렷하니 식물은 정말 잘 자라요. 식물들도 특별히 관리해주지 않아도 일주일 사이에 금방 무럭무럭 크죠. 아쉬운 부분은 이렇게 좋은 토양을 가졌음에도 기술이 발달하지 않아 재배방법의 효율성이 떨어지고 경제적인 측면에서 비료를 살 능력도 되지 않으니 생산성이 떨어진다는 것입니다.

열대지대의 상징, 야자나무의 경우 보통 열매가 40~50m 쯤에 열려 올라가서 따는 사람이 임자인데 이것이 가능한 달인급의 사람이 얼마 없어요. 그래서 관광객을 대상으로 야자에 올라가는 쇼를 보여주거나 열매를 먹게 해주고 돈을 받기도 합니다. 비싼 향신료나 과일 등이 자랄 때는 온 가족이 밤을 새가며 작물을 지키는 모습도 볼 수 있어요.

킬리만자로

아프리카에는 다양한 모양과 맛을 지닌 과일부터 소시지 모양의 열매가 열리는 소시지 나무, 소설 『어린 왕자』에도 등장하는, 신의 미움을 받아 거꾸로 처박혔다는 전설을 지닌 바오밥 나무, 바다에서도 자라는 맹그로브 나무 등 신기한 생명체가 많습니다. 자연이 주는 과학의 신비는 직접 체험해보면 경외 그 자체가 되죠.

아프리카 대륙 최고봉인 킬리만자로는 '아프리카의 지붕'으로도 불립니다. 실제 의미는 '번쩍이는 산(현지인들은 '신이 사는 산'이라고도 합니다)'인데 처음 봤을 때의 느낌이 아직도 생생합니다. 하늘 위에 거대한 산 하나가 떠 있는 느낌이었죠. 높이가 5,895m인 킬리만자로는 전 세계 산악인들이 등반을 위해 찾아옵니다. 처음 시작은 1,750m의 입구(마랑구 게이트)에서부터 하루에 1,000m씩 올라가는 4박 5일 코스가 기본이에요. 100m 올라갈 때마다 기온이 평균 0.5℃씩 낮아지죠. 그래서 1,000m 올라갈 때마다 평지에서 볼 수 없는 다양한 동식물의 세계가 펼쳐진다고 합니다. 저지대에선 커피가 재배되고, 2,000m 지대(우림지대), 3,000m 지대(관목지대), 4,000m 지대(고산사막지대)는 각기 다른 기후를 보여주지요.

킬리만자로 하면 빠지지 않고 나오는 이야기가 가수 조용필의 노래 '킬리만자로의 표범'인데 이 노래는 이전에 헤밍웨이가 쓴 『킬리만자로의 눈』에서 표범 시체를 표현한 내용에서 가져왔다고 합니다. 그런데 이는 허구이며, 킬리만자로는 표범이 살 수 있는 환경이 아니기도 하죠. 하지만 탄자니아 정부는 조용필에게 문화훈장 수여 및 탄자니아 홍보대사로 선임하기도 했다고 하네요.

무시무시한 아프리카의 여러 질병

고산지대에 올라가면 기압이 낮아져 진공포장 되어 있는 라면이나 과자 등의 봉지가 모두 부풀어 오릅니다. 심지어 사람의 얼굴도 표현 그대로 빵빵해져요. 또한 고산병이 발생하기도 합니다. 고산병은 엄홍길 대장도 안 걸린다고 장담할 수 없어요. 심지어 매번 짐을 지고 산을 오르는 포터들 중에서도 고산병 때문에 중도에 포기하고 내려오는 사람이 생깁니다. 고산병을 예방한다는 약이 몇 가지 있지만 증상이 발생하면 휴식을 취하거나 낮은 지대로 내려가는 게 가장 좋아요.

제가 아프리카에서 살다 왔다고 하면 사람들은 아프리카에서 온 것 치고 피부는 까맣지 않네, 라고 말해요. 피부색은 멜라닌 색소에 의해 결정됩니다. 멜라닌 색소는 흑갈색을 띤 자외선 차단 물질인데 아프리카 사람들은 멜라닌 색소의 양이 많기 때문에 까만 피부를 갖고 있습니다. 아프리카 사람인데도 피부는 하얀 사람이 돌연변이처럼 태어나는 경우도 있어요. 이런 사람들을 '알비노'라고 부르는데 인권의 사각지대에 놓여 있죠. 외모가 다르다보니 왕따를 당하는 경우도 많고 일부 부족에게는 백인 또는 알비노의 피부를 지니고 있으면 행운이 온다는 미신이 있어서 살해당하는 사례가 매우 빈번하게 발생한다고 합니다.

아프리카 특성상 질병에 대한 걱정을 하지 않을 수 없지요. 아프리카 사람들은 더운 지역에 사니 감기에 걸리지 않을 것 같다고요? 천만에요. 오히려 더운 지역이어서인지 간밤에 찬 바람 한 번 불어도 곧잘 감기에 걸린답니다. 해외봉사단 지급품 중에 의료상자도 있는데 거기에 있는 감기약은 매번 아프리카 사람들을 나눠주고 제가 써 본 적이 없을 정도였습니다. 약도 너무 자주 사용하면 내성이 생겨 약효를 잘 보지 못하는데 상대적으로 돈이 없어 약을 잘 못 먹는 아프리카 친구들은 제가 준 약을 먹고 금세 나아 우리나라 감기약을 매우 신뢰하기도 했죠.

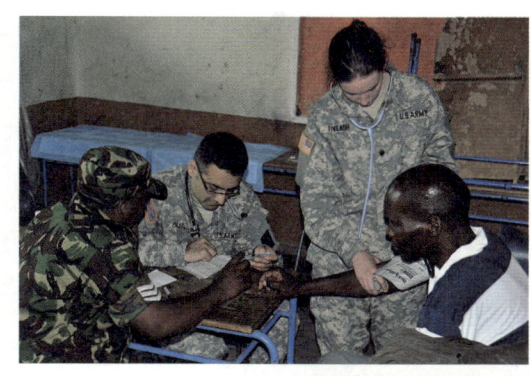

말라리아나 에이즈는 매우 심각한 질병이자 사회문제입니다. 아직까지 이 두 질병에 대한 예방약이 없어요. 우리나라 사람들의 경우 말라리아에 걸려도 영양상태가 좋고 치료약을 복용할 수 있는 환경이라 큰 문제가 되지 않지만 아프리카는 열악한 환경이다보니 제대로 치료를 받지 못하는 경우가 많죠. 또 이러한 치료제는 모두 간에 부담을 주기 때문에 더 큰 부작용이 있을 수 있습니다. 아기나 임산부, 노약자 등에겐 치명적일 수 있죠. 에이즈의 경우도 잘 관리하면 20년 가까이

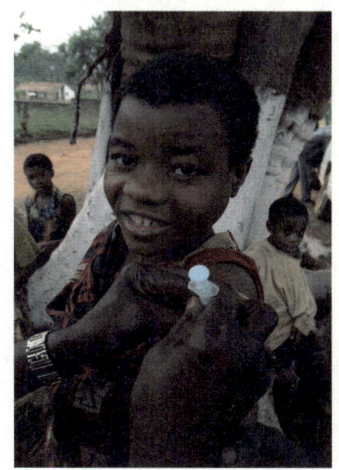

생존할 수 있지만 아프리카에선 2~3년 정도밖에 못 버티는 경우가 많다고 하니 치명적으로 보일 수밖에 없겠죠. 길거리에 누가 다쳐서 피를 흘리고 있으면 에이즈 감염이 두려워 방치하는 경우도 있다고 하네요.

세계에서 가장 크거나 두 번째이거나, 아프리카의 보물

질병이나 사회문제 때문에 아프리카가 두려워진다면 이제는 아프리카의 매력적인 사실 몇 가지를 알려드리겠습니다. 세계에서 제일 긴 강, 나일강은 그 길이가 무려 6,671km나 돼요. 우리나라에서 제일 긴 강, 낙동강이 506km이니 10배가 훨씬 넘는 규모죠. 빅토리아 폭포가 상류인데

하늘에서 내려다본 나일강과 빅토리아 폭포

흐르고 흘러 이집트까지 가는 거죠.

세계에서 제일 큰 사막 사하라는 면적이 8,600,000㎢인데 사막화가 진행되면서 그 규모는 점점 더 커지고 있다고 합니다. 참고로 우리나라 면적이 99,720㎢이니 그 크기는 짐작만 할 뿐이지요.

세계에서 두 번째로 넓은 호수는 빅토리아 호수인데 면적이 69,485㎢나 됩니다. 제일 큰 호수는 북미에 있는 슈피리어 호수로 82,360㎢죠. 아프리카에는 세계에서 두 번째로 깊은 호수도 있는데 깊이 1,430m의 탕가니카 호수입니다. 세계에서 제일 깊다는 러시아의 바이칼 호수는 1,700m입니다. 탕가니카 호수에 있는 섬에 '곰베 국립공원'이 있는데 침팬지 연구로 유명한 제인 구달 박사가 있는 곳이기도 하지요.

세계 3대 폭포 중 하나인 빅토리아 폭포도 아프리카에 있는데 높이가 100m가 넘습니다. 원주민들은 '벼락 치는 연기'라고 부르며 두려움의 대상이었는데 영국의 선교사이자 아프리카 탐험가인 리빙스턴이 탐험 중 발견하여 자신의 나라 여왕의 이름을 붙였죠. 관광객 유치를 위한 잠비아와 짐바브웨의 경쟁도 치열해지고 있다고 합니다.

하지만 이렇게 많은 관광자원이 있고, 관광객 수가 늘어나도 아프리카의 사정은 많이 나아지지 않고 있어요. 선진국이 자본을 앞세워 숙박업과 관광산업을 잠식하다 보니 경제적 이익은 아프리카가 아닌 투자국가에게 넘어가는 것이죠. 커피나 석유 등의 자원도 원산지보다 이를 재가공하여 판매하는 선진국이 더 많은 이익을 가져갑니다. 이런 현상을 막고 아프리카의 지역 경제를 지원하기 위해 '공정무역'과 그들을 위한 '공정기술' 등이 추진되고 있는 것 또한 주목할 만합니다.

자, 어떤가요? 아직도 아프리카가 미지의 대륙으로 느껴지나요? 이번 기회를 통해 아프리카가 무한한 가능성으로 여겨지길 바라며 아프리카에서 활약하는 미래의 과학자, 아프리카인들의 생명을 지키는 미래의 의사, 평화를 지키려는 미래의 외교관 등의 탄생을 기대해봅니다.

김대중 | (사)아시아 아프리카 희망기구에서 '아프리카로 보내는 희망의 운동화' 프로젝트를 담당하고 있으며, 월드프렌즈 코이카봉사단 귀국단원 수도권 커뮤니티 대표를 맡고 있다. 경희대학교 공공대학원에서 Global Governance 전공으로 국제개발협력에 대해 배우면서 현장에서 활용하려고 노력중이다. K-Move 멘토단으로서 청년들의 아프리카에서의 활동도 지원하고 있으며, 해외봉사로 어려운 이웃을 돕고 싶으나 망설이는 사람들에게 활동 경험을 공유하고 있다.

총 강의 수	83개
총 참여 인원	**강사** 87명
	현장 진행 진행 기부자 81명
	도서관 직원 41명
	준비 모임 22명
총 관객수	4,000명(추정)
총 참여 도서관	41개
총 준비기간	63일
총 소요비용	0원

강연

경기 **평택시립안중도서관** 이서울, 김창규
　　　용인중앙도서관 박현호, 임지순
　　　오남도서관 김탁환, 이민석
　　　안양시립석수도서관 서경진, 윤형섭
　　　성남시 구미도서관 송현욱, 김태한
　　　동두천시립도서관 정호정, 이병석
　　　남양주시 진건도서관 경우민, 김태수
　　　남양주시 별내도서관 조우성, 조재원
　　　김포시 통진도서관 이동환, 김연중
　　　김포시 중봉도서관 오세영, 이현정
　　　고양시립화정어린이도서관 이원혜, 장원철
　　　고양시립행신어린이도서관 백두성, 권기효
　　　경기도립중앙도서관평택분관 김민식, 정재승
강원 **태백도서관** 이기욱, 권형문
　　　담작은도서관 양수인, 김규섭
　　　관전도서관 박재용, 노수일
　　　강릉모루도서관 엄선영, 이정모
충남 **장항공공도서관** 송대진, 한동주
　　　부여도서관 조일연, 박지훈
　　　공주도서관 한정혜, 전응진
충북 **청주기적의 도서관** 남상욱, 전승열
　　　내보물1호도서관 이민주, 이충한
　　　제천기적의도서관 이동원, 한채윤
　　　신백아동복지관 한울타리도서관 홍성준, 이진희
경남 **통영도서관** 서현보, 김세훈
　　　창원시아이세상장난감도서관 한대희, 김형준

진영도서관 최지연, 김대중
웅상도서관 류성헌, 이소월
마하어린이도서관 이식, 이충근
남해도서관 안민규, 하경환
남지도서관 김진성, 이익성
김해도서관 백승우, 허성원
경북 포항시립오천도서관 정영진, 장희경
안동시립도서관 우연경, 이지민
구미시선산도서관 김기상, 글로벌 과학창의원정대
전남 장흥공공도서관 박창호, 김호
순천기적의도서관 윤신영, 박종혁
무안공공도서관 장원석, 조성행
목포어린이도서관 이명현, 정경숙
목포시립도서관 김지연, 구승회
목포공공도서관 Mathall, 조광일

현장 진행
고민화, 구창규, 권수정, 권종헌, 김국환, 김기상, 김대식, 김미영, 김석호, 김연경, 김영은, 김윤정, 김인욱, 김재윤, 김지용, 김지윤, 김현정, 김형우, 김형진, 김효임, 김희경, 김희정, 남영희, 노광석, 류진아, 맹인희, 문형식, 박민영, 박수진, 박영찬, 박윤정, 박은혜, 박화미, 배난주, 배시현, 서영애, 서원석, 송진아, 심소연, 유수봉, 유한나, 윤민지, 윤진, 윤효진, 이민아, 이소림, 이순탁, 이승혜, 이윤경, 이재경, 이재윤, 이지원, 이채, 이희선, 임동균, 임승옥, 장정윤, 장태원, 전희주, 정명은, 정민영, 정영선, 정은선, 정지혜, 정호진, 조혜림, 주민아, 지선유, 최순애, 최윤희, 최정규, 한우람, 허난숙, 허재정, 홍명선, 홍석현, 홍성숙, 홍숙, 홍승미

기타 기부 안예진(엽서, 포스터 디자인), 한채윤(로고송), 강월랑(로고송 그림), 김윤석(강연자 코칭), 김태호(무한도전 방청권), 장재인, 정원영(뒷풀이 공연), 강풀, 김제동, 김탁환, 이재용, 변영주, 신성원, 진양혜, 김혜리, 이적, 정재형, 윤종신, 못_MOT밴드 이이언, 정지찬_원모어찬스, 선대인, 오은, 정혜신, 진중권, 유홍준(사인도서, 앨범, 소장품 기부)

도서 기부 김경숙, 김성웅, 박수진, 궁리출판, 도서출판어크로스, 연암서가, 북하우스퍼블리셔스, 청어람미디어, 현대자동차

준비모임 정재승(대표, 행사 제안·기획) 한국도서관협회 심효정, 권종헌, 박영찬, 박혜림, 이충한, 이재경, 홍은주(총무팀), 이희선(강연자 매칭), 김남조, 서현아, 송진아, 유지열, 정지은, 최혜진(파티팀), 배유림, 장영주, 정대웅, 황지은(방송팀)

+이름을 밝히지 않은 재능기부자 다수

| 사진판권 |

12 ⓘpixelspin
21 ⓘSimon Cocks
24 ⓘReiki Lifestyle—Colleen Benelli
31 ⓘ◎brewbooks
32 ⓘ◎UCL Mathematical and Physical
　　Sciences
35 ⓘ◎(위) cellanr
　　ⓘ(아래) Sergey Vladimirov
39 ⓘMarc_Smith
41 ⓘEditor B
44 ⓘfirepile
46 (왼쪽부터 시계방향)
　　ⓘDFID—UK Department for International
　　Development
　　ⓘ◎acaben
　　ⓘ◎Kris Krug
48 ⓘ(오른쪽 아래) Gastev
51 ⓘ◎eschipul
52 Robo Earth
58 ⓘ◎HowardLake
60 ⓘ{studiobeerhorst}—bbmarie
62 ⓘ◎toiletbowl martini
64 ⓘ◎jamingray
65 ⓘ◎fred_v
69 ⓘSusan NYC
72 ⓘdno1967b
73 ⓘ⊖Cliff*B
75 ⓘ◎nicubunu.photo
84 ⓘfarasddl
98 ⓘJan Tik
116 ⓘ◎[puamelia]
117 ⓘ◎West Midlands Police
119 ⓘDouble—M
121 ⓘx.Jason.Rogersx
123 ⓘ◎Victor Svensson
124 ⓘjuliejordanscott
126 ⓘStacy Spensley
128 ⓘdidbygraham
130 ⓘ◎brdonovan
146 ⓘTANAKA Juuyoh (田中十洋)
148 ⓘphunkstarr

150 ⓘ◎CraigMoulding
151 ⓘ(위) tonrulkens
　　(아래) L_Dan
153 ⓘ◎blmurch
155 ⓘPinti1
156 ⓘ◎KAZVorpal
157 ⓘ⊖Mr.TinDC
158 ⓘmadone025
165 ⓘToshiba Medical System
166 국가건강정보포털
167 www.scanmed.co.uk
168 NURadiology(https://www.youtube.com/
　　watch?v=osgSmEMGSyk)
170 ⓘGwydion M.Williams
172 ⓘ◎_DJ_
173 ⓘglycerine102
175 ⓘTim Sheerman—Chase
176 ⓘ◎(왼쪽)roger_mommaerts
　　ⓘ⊖(오른쪽)Universitetssykehuset
　　Nord—Norge(UNN)
178 ⓘKey Foster
179 ⓘ.v1ctor Casale.
181 ⓘ(왼쪽)Sir.Mo
　　ⓘ(오른쪽)fotologic
184 ⓘ◎Bluedharma
186 NASA
189 ESA(European Space Agency)
190 NASA
191 Lucianomendez
193 NASA
194 NASA
195 NASA
196 NASA
197 ESO(European Southern Observatory)
200 ⓘ◎ehqlfk thisisbossi
202 (위쪽부터) ⓘ TheBusyBrain
　　ⓘ◎revedavion.com
　　ⓘ Official U.S. Navy Imagery
206 ⓘjosephleenovak
208 ⓘ(위)Extra Zebra
　　ⓘ(아래)Defence Images

213 ⓘ◎(위)Alaskan Dude
　　ⓘ◎(아래)roger4336
214 ⓘ(위)NASA Goddard Photo and Video
216 ⓘjikatu
218 ⓘ(위)Free HDR Photos—
　　www.freestock.ca
　　ⓘ(아래)DFID—UK Department
　　for International Development
220 ⓘeutrophication&hypoxia
221 ⓘmtsrs
222 ⓘBrian Harrington Spier
223 ⓘDavid Berkowitz
225 ⓘStig Nygaard
227 ⓘUS Army Africa
　　ⓘhdptcar
228 ⓘ(위)Sharon Hahn Darlin
　　ⓘ⊖(아래)Jason Wharam